氟致超亲水
原理及应用

Fluorine-Induced Superhydrophilicity
Principles and Applications

吕树申　罗智勇　陈粤　著

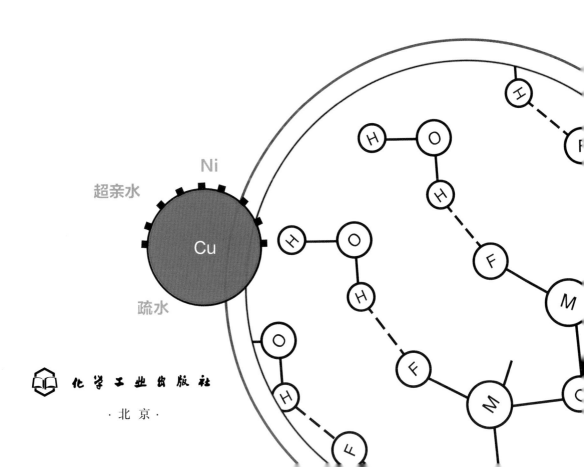

Ni

超亲水

Cu

疏水

化学工业出版社
·北京·

油水分离过程是一个极其复杂的质量和动量传递的物理化学过程。研发特殊浸润性材料并应用于油水分离这一广受关注的全球性难题，是继膜分离技术之后，一个具有抗油污污染、防阻塞、易回收再利用等优势的前沿科技，对含油污水的处理具有重要意义。

　　《氟致超亲水原理及应用》是一本专门介绍氟致超亲水原理及其在油水分离中应用的专著。书中介绍了固体表面浸润性基本理论；系统介绍了 TiO_2 纳米管及 Ti 纳米针阵列界面的制备机理及其表面的浸润性；着重描述了一种全新的适用于金属及类金属表面超亲水处理的方法；氟致超亲水法的起源、发现、机理及其稳定性；拓展了氟致超亲水泡沫钛、泡沫铜、核-壳 Ni 修饰铜网以及不对称效应在油水分离中的影响；为高性能超亲水油水分离材料的设计提供了参考。

　　《氟致超亲水原理及应用》可供在石油、化工、环境、食品、冶金、动力、交通、航空、核能等领域从事油水分离、固体表面浸润性研究和管理的人员参考，也可作为高等学校有关专业的选修课参考书。

图书在版编目(CIP)数据

氟致超亲水原理及应用 / 吕树申，罗智勇，陈粤著
.—北京：化学工业出版社，2019.3
ISBN 978-7-122-33944-7

Ⅰ.①氟… Ⅱ.①吕… ②罗… ③陈… Ⅲ.①含氟废
水—油水分离—研究　Ⅳ.①TE624.1

中国版本图书馆 CIP 数据核字（2019）第032291号

责任编辑：徐雅妮　杜进祥　　　文字编辑：陈　雨
责任校对：张雨彤　　　　　　　装帧设计：尹琳琳

出版发行：化学工业出版社
　　　　　（北京市东城区青年湖南街13号　邮政编码100011）
印　　装：中煤(北京)印务有限公司
710mm×1000mm　1/16　印张 12¾　字数 226 千字
2019年9月北京第 1 版第 1 次印刷

购书咨询：010-64518888
售后服务：010-64518899
网　　址：http://www.cip.com.cn
凡购买本书，如有缺损质量问题，本社销售中心负责调换。

定　　价：89.00元

随着工业污水排放量的增加以及海洋漏油事件的发生，含油污水的处理成为一个亟待解决的全球性难题，广受科研工作者的关注。处理含油污水的方法可分为气浮法、电解法、膜分离法等，其中膜分离法是含油污水处理的一个最直接、最有效的途径。然而传统的膜材料在处理过程中耗能较大，膜本身存在易受污染、易堵塞的问题。

特殊浸润性材料即超疏水材料和超亲水材料在油水分离中有其独特的优势和作用。但是，利用超疏水特性的多孔材料在重力作用下进行油水分离，由于水密度通常比油大而将材料与待分离的油层隔开，这对油水分离不利；同时由于超疏水材料通常具有亲油的特性，从而使材料易受油污污染、易堵塞。而在重力作用下利用具有超亲水性的膜材料进行油水分离，不仅能抗油污污染，同时具有防阻塞、易回收再利用等优点，体现了科技发展的新方向。

作者最初开展阳极氧化制备 TiO_2 纳米管阵列表面的研究工作，试图通过在纳米管尺度一定的情况下，研究亲疏水特性对微纳尺度表面池沸腾传热的影响规律。研究发现 Ti 在阳极氧化过程中，由于 F^- 和 O^{2-} 迁移速率的差异，形成的 TiO_2 纳米管的底部会有一层含有氟氧化物甚至氟化物的富氟层，这是通过电压脉冲法制备通孔 TiO_2 的关键因素，由此我们提出一种新颖、廉价而又通用的，基于化学键极性的氟致超亲水机理和工艺：将氟原子与金属或类金属原子直接相连，并利用（类）金属氟键的强极性来形成亲水界面，同时通过氧化物、氮化物等稳定的网络结构来稳定表面氟键以解决氟化物的水溶性问题，并由此研发出在材料表面形成—X—M—Y（X＝O、S、N 等，M＝金属或半金属，Y＝F、Cl 等）的氟致超亲水界面的通用方法。书中分别将氟致超亲水原理应用于不同材料上，选择 Ti、Zn、Fe、Co、Ni 以及玻璃片（SiO_2）等六种材料进行了实验和计算的证明。

作者从 2006 年开始进行 TiO_2 纳米管阵列的研究，发现氟致超亲水原理是一个惊喜，发展到油水分离工业是无心插柳柳成荫。期间陈粤（《TiO_2 纳米管阵列界面制备与功能应用》，2011 年中山大学博士论文）和罗智勇（《基于化学键极性的氟致超亲水原理及其油水分离应用》，2017 年中山大学博士论文）在攻读博士学位期间做了大量的工作，本书是在上述研究的基础上撰写而成。书中第 1 章介绍了固体表面浸润性基本理论、特殊浸润性材料在油水分离中的应用以及现有超亲水处理方法；第 2 章系统介绍了 TiO_2 纳米管及 Ti 纳米针阵列界面的制备机理及其表面的浸润性；第 3 章着重描述了一种全新的适用于金属及类金属表面超亲水处理的方法：氟致超亲水法的起源、发现、机理及其稳定性；第 4 章通过氟致超亲水法处理泡沫 Ti，拓展了氟致超亲水泡沫钛在乳液分离中的应用；第 5 章在氟致超亲水法中将 F 原子用 Cl 原子代替，拓展了氯致超亲水泡沫铜在油水分离中的应用；第 6 章进一步介绍了一种超亲水核-壳 Ni 修饰铜网用于油水分离；第 7 章阐述了不对称效应对材料油水分离性能的影响。所有这些内容希望能为高性能超亲水油水分离材料的设计提供参考。

本书在撰写过程中得到同事和同行的大力支持和鼓励，陈粤博士和罗智勇博士对全书的结构、内容和图文修改提出宝贵建议并做了大量工作，李敏珊博士为全书的编排付出很多精力。

由于作者水平有限，书中一定有许多不足，我们期待来自各个方面的建议与批评指正。

吕树申

2019 年 1 月于康乐园

目录

第1章

固体表面浸润性

1

第2章

**TiO₂纳米管及Ti纳米针
阵列界面及其浸润性**

29

第3章

**氟致超亲水原理
及其稳定性**

97 ———

第4章

**氟致超亲水泡沫钛
在乳液分离中的应用**

119 ———

第5章

**氟致超亲水泡沫铜
在油水分离中的应用**

137 ———

第6章

超亲水核-壳Ni修饰铜网用于油水分离

161 ——

第7章

不对称效应对材料油水分离性能的影响

181 ——

Fluorine-Induced Superhydrophilicity Principles and Applications

氟致超亲水原理及应用

第1章

固体表面浸润性

在油水分离应用中，特殊浸润性材料即超疏水材料和超亲水材料在油水分离中有广泛的应用。其中超亲水材料不仅解决了传统膜材料和超疏水材料中存在的膜污染、膜堵塞等问题，而且还具有节能、环保等优势，体现了科技发展的新方向。目前，超亲水油水分离材料的获得主要通过以下几种途径：①光、电、热等外界刺激下的亲水转化，这在 TiO$_2$ 等光响应材料中研究居多，但这种亲水材料在无外界刺激下会逐渐丧失亲水性能；②激光/等离子体激发，这一途径在电子或光学器件中应用较多，但对仪器设备的要求较高；③利用材料的本征亲水特性，这种途径主要依托于材料表面的极性基团（如—OH 等），但这类材料可能会在贮存过程中丧失表面的极性基团，从而使亲水性能退化；④利用多糖或其他极性化学试剂进行表面修饰，这种方法涉及反应步骤较为烦琐，同时试剂本身又较为昂贵。这几种途径的局限性，也凸显了现有超亲水油水分离材料所存在的缺陷，所以开发一种简单易操作、稳定、通用的超亲水固体润湿表面处理方法，并研究其在油水分离中的应用，具有非常重要的科学与工程意义。

1.1
固体表面浸润性基本理论

1.1.1　表面浸润性

固体表面浸润性又称润湿性（wettability），是固体表面的重要性质之一。浸润现象及其影响广泛存在于自然界、人类生活与生产之中[1~3]。例如自然界中荷叶的表面为超疏水界面，使荷叶"出淤泥而不染"；涂覆了 TiO$_2$ 薄膜的汽车后视镜可呈现超亲水性，使其在雨天起到防雾的功能。

（1）接触角与浸润程度

目前，一般采用液体在固体表面所成的液滴的接触角大小来描述固体表面的浸润程度。接触角的定义为：在固-液-气三相交点处作气-液界面的切线，该切线与固液交界线之间的夹角即为接触角，如图 1-1 中所示的 θ 角。

根据接触角 θ 的大小，可对固体表面浸润程度进行以下定义：$\theta=0°$ 时，表示完全浸润，液体在固体表面铺展；$0°<\theta<90°$ 时，液体可浸润固体，且 θ 越小，浸润性越好；$90°<\theta<180°$ 时，液体不浸润固体；$\theta=180°$ 时，液体完全不浸润固体。

（2）　Young 氏公式

当液滴静止于固体表面时，固、气、液各界面的表面张力之间形成平衡关系。1805 年，Thomas Young 针对该平衡给出接触角与表面张力之间的关系描述：

图 1-1 接触角的定义

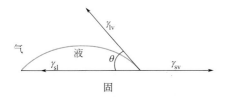

$$\cos\theta = \frac{\gamma_{sv} - \gamma_{sl}}{\gamma_{lv}} \qquad (1\text{-}1)$$

式中，γ_{sv}、γ_{sl} 及 γ_{lv} 分别表示固-气、固-液以及液-气界面的表面张力。

式(1-1) 被称为 Young 氏公式，其描述的接触角 θ 也被称为 Young 氏接触角或本征接触角。但该公式仅适用于组成均匀、各向同性、光滑平整的理想表面。

（3）接触角滞后现象（滚动角）与超疏水

Young 氏接触角属于静态接触角，即测试表面处于水平状态时的接触角。静态接触角（简称接触角），常作为判断固体表面浸润性的重要依据，却无法描述液滴在表面上的动态特性。当表面处于倾斜状态时，一般采用滚动角来描述液滴状态。如图 1-2 所示，液滴处于倾斜表面上拥有前进角（θ_A）与后退角（θ_R），受重力影响，往往 $\theta_A > \theta_R$；而 θ_A 与 θ_R 之差 $\Delta\theta$ 叫作滚动角。滚动角的大小描述了一个表面的接触角滞后现象。所谓超疏水表面，一般指接触角大于 150° 的表面。而真正意义上的超疏水表面应该既具有较大接触角（大于 150°），又具有较小滚动角（5° 以内）。

图 1-2 液滴在倾斜面上的前进角 θ_A 与后退角 θ_R

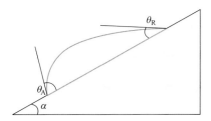

1.1.2　表面拓扑结构对浸润性的影响

固体表面浸润性主要受两个因素影响：表面化学组成与表面拓扑结构。固体的表面自由能越大，该表面越容易被一些液体所浸润；当液体的表面张力等于或小于固体的比表面能时，该液体才能在该固体表面上铺展。不同表面化学组成的平表面具有不同的自由能，因而呈现不同的浸润程度。然而，对于平表面而言，单纯地改变固体的表面化学组成，对其表面浸润性的调节幅度较为有限。例如目前自然界存在或者人工合成的最低表面能材料，其平表面与水的最大接触角为 $119°$，对应的比表面能为 $6.7mJ/m^2$。固体表面拓扑结构对于固体表面浸润性具有重要的影响。通过表面微纳米结构化，可制造出接触角超过 $150°$ 的超疏水表面。

一般情况下，对于结构化表面，液体与固体表面的微观接触状态有 Wenzel 状态和 Cassie-Baxter 状态两种。Wenzel 状态如图 1-3(a) 所示，液体浸润结构化表面的凹槽内。Cassie-Baxter 状态如图 1-3(b) 所示，液体悬浮于凹槽之上，仅与凸起结构的顶端固体表面接触，凹槽内由其他介质填充，一般情况下该介质为气体。

图 1-3　**液滴在粗糙表面上的微观接触状态**

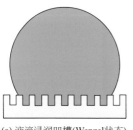
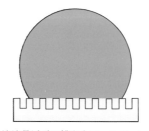

(a) 液滴浸润凹槽(Wenzel状态)　　(b) 液滴悬浮于凹槽之上(Cassie-Baxter状态)

（1）Wenzel 公式

在具有一定拓扑结构的表面上，比如在粗糙度因子为 r 的粗糙表面，当液体处于 Wenzel 接触状态并达到热力学平衡时，液滴的接触角 θ^* 与理想表面的 Young 氏接触角 θ 有一定差别，此时的接触角 θ^* 可称为表观接触角，它与 Young 氏接触角 θ 之间的关系可由 Wenzel 公式描述：

$$\cos\theta^* = r\cos\theta \tag{1-2}$$

式中，粗糙度因子 r 的定义为：实际的固体面积与表观固体面积之比，故 $r \geqslant 1$；而对于粗糙表面，实际面积大于表观面积，即 $r > 1$。由 Wenzel 公式（1-2）可知：

对于疏水材料，$\theta^* > \theta > 90°$，疏水材料粗糙化后疏水性增强；

对于亲水材料，$\theta^* < \theta < 90°$，亲水材料粗糙化后亲水性增强。

Wenzel 公式具有一定的适用范围。Onda 等[4] 通过熔融固化制备出具有分形结构的 AKD（alkyketene dimer，一种蜡）粗糙表面，并系统测定粗糙度对接触角 θ^* 的影响，结果如图 1-4 所示。由图可知，Wenzel 方程描述的线性关系适用于粗糙度不高、处于弱亲或弱疏区域的表面（$\cos\theta^*$ 在 0 附近）；表面粗糙度升高后，超亲或超疏区域（$\cos\theta^*$ 在 1 或 −1 附近）偏离 Wenzel 线性关系的程度升高。

图 1-4　不同粗糙度的 AKD 表面所测 θ^* 与 θ 之间关系图[4]

（粗糙度由左图至右图依次增加）

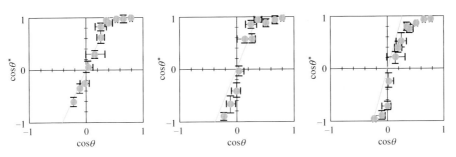

处于 Wenzel 状态下的液滴具有较大的接触角滞后现象，即拥有较大的滚动角，可理解为该液滴较难滚动。而在有些情况下，粗糙度增大，液滴的滚动角减小，这是因为液滴在粗糙度增大后表面微观接触状态逐渐转变为 Cassie-Baxter 接触状态，此时液滴仅与结构凸起的顶端固面接触，而凹槽由空气占据；由于空气属于超疏水介质，该"复合"固液接触状态使液滴与固体直接接触的面积比减小，易于滚动。

（2）Cassie-Baxter 公式

当固体表面与液滴形成所谓的复合接触状态时，固液微观接触状态为

Cassie-Baxter 状态。该状态下可用 Cassie-Baxter 公式进行描述[5]：

$$\cos\theta^* = f_1\cos\theta_1 + f_2\cos\theta_2 \tag{1-3}$$

式中，θ^* 为表观接触角；θ_1 为介质 1 的 Young 氏接触角；θ_2 为介质 2 的 Young 氏接触角；f_1 和 f_2 分别为单位面积上介质 1 和介质 2 所占的表观固体面积分数，且 $f_1 + f_2 = 1$。

一般情况下，这两种介质分别为固体材料与空气；假设固体材料所占面积分数为 f_s，则空气所占面积分数为 $1 - f_s$；由于空气属于超疏水介质，其 Young 氏接触角为 $180°$，而固体的 Young 氏接触角为 θ，则 Cassie-Baxter 公式可写为：

$$\cos\theta^* = f_s(\cos\theta + 1) - 1 \tag{1-4}$$

由式(1-4)可见：减小固体的表观面积分数 f_s，可增大该固体表面的表观接触角 θ^*；固体表面材料的疏水性增大，即 Young 氏接触角 θ 增大，可增大该固体表面的表观接触角 θ^*。

对于表面材料为超亲水材料的结构表面，同样可采用 Cassie-Baxter 公式进行解释。当材料具有超亲水性，表面微结构可产生毛细作用使液体渗入凹槽内；此结构表面也可视为复合表面：由固体凸起与凹槽内液滴复合而成，如图 1-5 所示。此时，假设凸起固体的 Young 氏接触角为 θ；而液滴与液滴之间完全浸润，即液滴相的 Young 氏接触角为 $0°$；f_s 为复合表面中固体所占表观面积分数，则该情况下的 Cassie-Baxter 公式可写为[6]：

$$\cos\theta^* = 1 - f_s(1 - \cos\theta) \tag{1-5}$$

图 1-5　**超亲水结构表面复合界面示意图**[6]

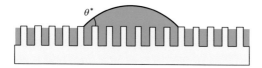

如图 1-6 所示，Wenzel 公式由实线表示，Cassie-Baxter 公式由虚线表示，并与图 1-4 比较可知，在热力学稳定平衡状态下，Wenzel 方程描述的线性关系适用于处于弱亲或弱疏（$\cos\theta^*$ 在 0 附近）、粗糙度不高的表面；在超亲或超疏区域（$\cos\theta^*$ 在 1 或 -1 附近），Cassie-Baxter 公式计算表观接触角 θ^* 较为合适。

氟致超亲水原理及应用

图 1-6　Wenzel 公式、 Cassie-Baxter 公式表观接触角 θ* 与 Young 氏接触角 θ 关系曲线

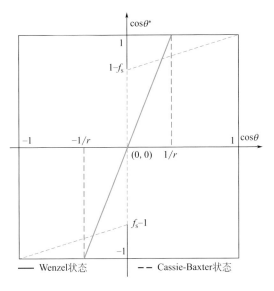

　　如图 1-7 所示，在热力学稳定平衡状态下，当表面材料为亲水材料时，即 $\theta < 90°$，液滴在固体表面的微观接触状态为 Wenzel 状态；当材料的疏水性升至一定程度时液滴在固体表面的微观接触状态为 Cassie-Baxter 状态。

　　值得注意的是，在弱疏水材料区 [如图 1-8 虚线对应的 $(\cos\theta_c, 0)$ 区域，图中 f_s 为固体所占表观面积分数]，即使理论上液滴处于 Wenzel 状态时体系能量较稳定，液滴有时也会处于 Cassie-Baxter 接触状态。其中 $\cos\theta = \cos\theta_c$ 为热力学稳定状态下 Wenzel 状态和 Cassie-Baxter 状态的交接点，在 $(\cos\theta_c, 0)$ 区间内液滴处于 Cassie-Baxter 状态是热力学亚稳态，该状态与对应的 Wenzel 状态之间存在一定的势垒[7]。在一定条件下，如做功，可使液滴从 Cassie-Baxter 状态降低到 Wenzel 状态。$\cos\theta_c$ 可通过公式（1-2）和公式（1-5）计算而得到[7,8]：

$$\cos\theta_c = \frac{f_s - 1}{r - f_s} \tag{1-6}$$

　　式中，f_s 为固体的表观面积分数；r 为固体表面粗糙度因子。

图 1-7　热力学稳定平衡状态下液滴与固体表面之间微观接触状态[4]

θ$_f$ 为表观接触角 θ*

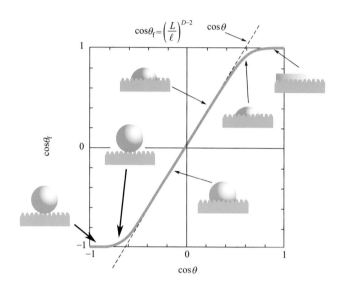

图 1-8　疏水区 Wenzel 状态和 Cassie-Baxter 状态分布图[7]

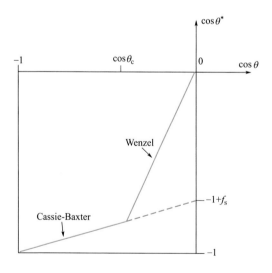

　　随着工业污水排放量的增加以及海洋漏油事件的发生，含油污水的处理成为

一个亟待解决的全球性难题,广受科研工作者的关注[9,10]。处理含油污水的方法可分为气浮法、电解法、膜分离法等,其中膜分离法是含油污水处理的一个最直接、最有效的途径。然而传统的膜材料[11~13](微滤膜、超滤膜[14] 等)在处理过程中耗能较大,膜本身易受污染、易堵塞[15~17],其发展前景不容乐观。2004年,江雷等[18] 将具有超疏水特性的多孔材料首次应用于重力驱动下的油水分离中,并取得很好的分离效果。这一首创性的工作,为具有特殊浸润性的材料在油水分离中的应用奠定了基础,并在之后的研究中取得了丰硕的成果[19~23]。

然而,利用超疏水特性的多孔材料在重力作用下进行油水分离,由于水密度通常比油大而将材料与待分离的油层隔开,这对油水分离是不利的[24,25]。同时,由于超疏水材料通常具有亲油的特性,使材料易受油污污染、易堵塞。为了解决上述问题,超亲水油水分离材料便应运而生[26~30]。在重力作用下利用具有超亲水性的膜材料进行油水分离,不仅能抗油污污染,同时具有防阻塞、易回收再利用等优点,适应当下科技发展的要求,对含油污水的处理具有十分重大的意义。

1.2
特殊浸润性材料在油水分离中的应用

所谓特殊浸润性材料,这里指的是超疏水材料和超亲水材料两种。如图1-9(a) 所示为静态接触角模型,接触角计算公式为[31]:

$$\cos\theta_{ca} = r\frac{\gamma_{sl} - \gamma_{sv}}{\gamma_{lv}} \qquad (1-7)$$

其中 r 为表面的粗糙度因子,定义为实际表面积与截面积之比。θ_{ca} 为表面的静态接触角,γ_{sl}、γ_{sv} 以及 γ_{lv} 分别为固-液、固-气、液-气相界面表面张力。根据文献报道[32],当 θ_{ca} 大于 150°时,为超疏水材料,水滴静态接触角如图 1-9(b) 所示;当 θ_{ca} 小于 5°时,则为超亲水材料,水滴静态接触角如图 1-9(c) 所示。

1.2.1 超疏水材料在油水分离中的应用

(1)超疏水网材料

网状结构是一种适用于分离的特殊结构,最早用于油水分离的界面材料也是在网状材料的基础上发展起来的。Jiang 等用 PTFE 修饰不锈钢网,并将这种材料首次应用于重力驱动下的油水分离。如图 1-10 所示,不锈钢网覆盖着许多 PTFE 颗粒,材料呈现超疏水性能,同时油滴能快速地通过该材料,预示着这种材料具有很好的油水分离效果。

图 1-9　静态接触角[33]

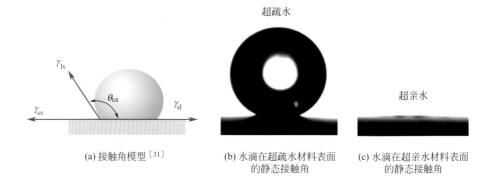

(a) 接触角模型[31]

(b) 水滴在超疏水材料表面的静态接触角

(c) 水滴在超亲水材料表面的静态接触角

图 1-10　超疏水网材料的油水液滴试验[18]

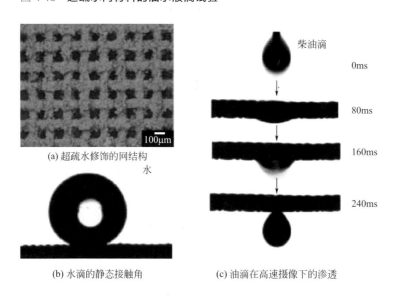

(a) 超疏水修饰的网结构

(b) 水滴的静态接触角

(c) 油滴在高速摄像下的渗透

　　超疏水网材料在油水分离领域取得了快速的发展。Cao 等[34]用聚多巴胺对不锈钢网进行预处理，然后再用十二烷基硫醇进行疏水修饰，得到了疏水性很好的网状材料，这种材料对油水混合物的分离效率可以达到 99.95％。Crick 等[35]利用聚硅氧烷树脂等修饰孔径 152μm 以上的铜网，水的静态接触角可以达到 152°～167°，具有很好的循环使用性能和分离效率。Kong

等[36] 在磷铜网表面构筑稠密的氧化亚铜结构，再用十二烷基硫醇进行疏水修饰，得到的材料具有很好的油水分离效果，同时操作过程非常简单。近年来，针对超疏水网材料的研究不胜枚举，也都有着很好的分离效果。但是在对油水混合物的分离中，由于水的密度比油大，超疏水网材料不利于油的透过；同时这种材料因其亲油特性而易受油污污染，在一定程度上不能满足科技发展的要求。

（2）超疏水纺织材料

纺织材料取材容易并具有很好的柔韧性，是油水分离研究者们最常选用的基材之一。经过表面改性的纺织材料，具有基材所没有的特殊性质。疏水化纺织材料用于油水分离就是其中的一个重要的应用实例。

如图 1-11 所示，Zhou 等[37] 通过气相沉积的方法，将聚苯胺和氟硅烷转移到纺织基材表面，使其具有很好疏水特性［图 1-11（b）～（e）］和油的选择透过性［图 1-11（b）］，即使是在油水共混环境中，依旧能保持其优异的分离特性［图 1-11（f）］。

图 1-11　**纺织材料的超疏水化**[37]

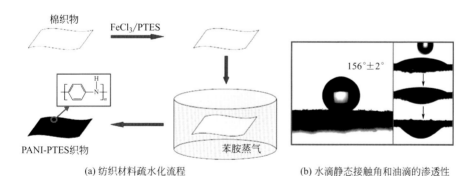

(a) 纺织材料疏水化流程　　　　(b) 水滴静态接触角和油滴的渗透性

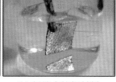

(c) 水滴在超疏水纺织材料上　　(d) 一股水柱弹离材料表面　　(e) 超疏水纺织材料静置于水中　　(f) 水滴在油污污染后的超疏水纺织物表面

Shang 等[38] 先用氟化的聚苯并噁嗪改性 SiO_2 纳米粒子，然后再用该疏水化的纳米粒子修饰纺织基材，得到了疏水性能优异的膜材料。该材料与水和油的静态接触角分别为 161° 和 3°。如图 1-12 所示，该膜材料的疏水特性具有很好的稳定性，在 pH 值为 2～14 的范围内，水滴接触角能维持在 155° 以上。该材料对于油水混合物的分离效果显著 [图 1-12(c)]。

图 1-12　用改性后的纳米粒子修饰纺织材料

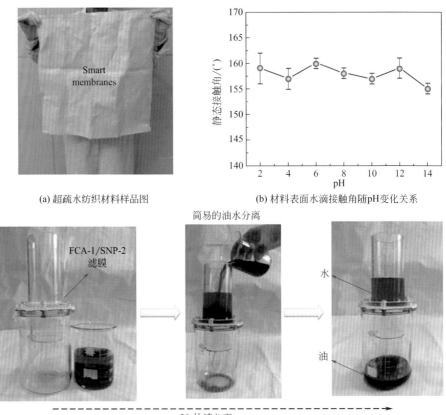

(a) 超疏水纺织材料样品图　　　　　(b) 材料表面水滴接触角随pH变化关系

简易的油水分离

30s快速分离
(c) 膜材料用油水分离的可视化效果图

前人的研究通常是通过疏水物质对纺织材料进行改性，其中疏水物质包括高分子物质、纳米粒子、有机小分子等。与网状材料相比，纺织材料具有更好的柔韧性，从而增强了其可操作性，为工业应用提供了良好的基础。但是，超疏水纺织材料与网状材料有着相类似的缺点，例如易受油污污染等。这种材料更适合用于乳液分离[21,39,40] 或吸油[41~43]。

（3）超疏水泡沫材料

泡沫材料由于质轻、吸附量大等优点，在油水分离领域备受关注。从材料种类来分，泡沫材料可分为金属泡沫材料（如泡沫铜、泡沫镍等）和非金属泡沫材料（如海绵），两者在油水分离中功能相差不大。

超疏水泡沫材料通常用作吸油材料，可以高效地从含油污水中将油吸附出来，然后通过蒸馏或物理挤压的方式将油回收。相比于超疏水纺织材料，它有更大的吸附容量，在科研工作或工业中应用较多。

除以上列举的这三种材料，超疏水聚合物多孔膜等也有报道。本书主要从无机材料的角度进行阐述，这里不再对聚合物膜进行一一介绍。

1.2.2　超亲水材料在油水分离中的应用

超亲水材料相比于超疏水材料而言，起步较晚，同时也缺乏较为系统的研究。但在油水分离中，超亲水材料因具有防污染、防堵塞等诸多优点而备受关注。超亲水材料及其油水分离应用的研究主要得益于仿生学的发展。2009 年，Liu 等[44] 首先提出鱼鳞仿生的理念，并设计了一种水下超疏油并具有低黏附性的界面材料。2011 年，Xue 等[45] 将这一理念用于油水分离，并取得了非常好的分离效果。超亲水油水分离材料自此进入了高速的发展期。超亲水油水分离材料主要集中在网状材料。

（1）本征超亲水材料

本征超亲水油水分离材料主要的设计理念是利用亲水物质（如凝胶[45]铜[46] $Cu(OH)_2^{[24]}$、$Cu_2S^{[28]}$、$Co_3O_4^{[47]}$、沸石[48] 等）修饰金属网，从而实现超亲水和水下超疏油的特性。在基材的选择上，为了能实现较好的分离效率，网状结构的孔径越小越好，从另一方面讲，为了提高水通量，又必须确保一定的孔径大小。所以在以往的研究中，通常选用 200 目以上的网状材料作为基材。下面选一个典型的实例对超亲水油水分离材料进行介绍。

2013 年，Zhang 等[24] 用湿化学法合成出一种用针状 $Cu(OH)_2$ 覆盖的超亲水铜网。如图 1-13 所示，该材料具有很好的亲水性和水下超疏油特性，水接触角趋近于 0°，水下油接触角达到 155°。从 SEM 图中可以看出，该材料在微观结构上具有高规整度。从油水分离结果可以看出，该材料对五种选定的油类均具有很好的分离效果，残油量均在 $30\mu g/g$ 以下，当基材目数达到 500 目时，该材料还可以用于乳液分离。Chen 等[47] 用针状的 Co_3O_4 修饰不锈钢网，得到一种亲水性很好的油水分离材料，该材料对乳液分离效率达到99％以上，水通量可以达到2000L/(m^2·h)。Li 等[49] 用利用土豆残渣和水性聚氨酯的混合物来修饰不锈钢网，该材料对油水混合物的分离效率在96.5％以上，并具有很好的循环使用性能。同时，该材料还具有很好的抗腐蚀性能。这是循环利用理念在油水分离领域的上佳体现。

图 1-13　Cu（OH）$_2$ 修饰的铜网用于油水分离[24]

(a) 样品图和水、水下油接触角　　　　(b) 样品正面SEM图

(c) 样品侧面SEM图　　　　(d) 不同目数网状材料油水分离结果图

（2）刺激响应型超亲水材料

　　刺激响应型超亲水材料是指在一定的外部刺激（如光照、电场、pH 等）下能实现超亲水转变的一类材料。由于其智能响应性，一直备受科研工作者的关注。将这种材料用于油水分离，在一定程度上可以实现分离过程的人为

控制。按照外部刺激的不同，将主要从光照[50]、电场[51]、pH[52,53]、气敏[54,55] 等四个方面进行介绍。

　　第一，光照。这类材料主要指 TiO_2、ZnO 等光敏性材料，其中针对 TiO_2 的研究最多。这类材料会在紫外光甚至可见光下转变为超亲水材料，从而实现油水分离应用。见图 1-14，Lin 等[50] 通过纳米簇状 TiO_2 修饰铜网，并研究了有、无紫外光条件下的油水分离，结果发现在紫外光的作用下，油

图 1-14　TiO_2 修饰的超亲水网用于乳液分离[50]

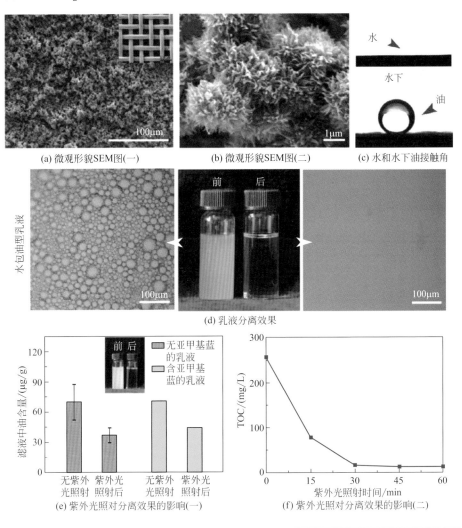

(a) 微观形貌SEM图(一)　　(b) 微观形貌SEM图(二)　　(c) 水和水下油接触角

(d) 乳液分离效果

(e) 紫外光照对分离效果的影响(一)　　(f) 紫外光照对分离效果的影响(二)

水分离效率会大大提高［图 1-14(e)］。同时，在一定范围内，分离效率随光照时间的延长而逐渐提高［图 1-14(f)］。Li 等[56] 利用阳极氧化的方法在泡沫 Ti 生长 TiO₂ 纳米管，煅烧之后使其具有光敏性。该材料在紫外光下不仅具有很好的油水分离效率，同时还能降解水中的有机污染物。

第二，电场。与光敏材料相比，这类材料的最大特点是亲疏水转变迅速。由于 TiO₂ 在紫外光下会具有超亲水性质，而其恢复原有性质需要在无光条件下贮存一段时间。而电场响应性材料会在电场消失后马上失去其超亲水特性，这对于油水分离的可控性是非常有意义的。2015 年，Lin 等[51] 报道了一种对电场有响应的泡沫铜，泡沫铜先通过阳极处理转变为 3D 泡沫铜，然后再用 KH1231 进行修饰，从而使其具有很好的电场响应性（图 1-15）。

图 1-15　电场响应性泡沫铜用于油水分离[51]

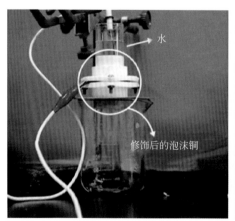

| (a) 加电场前的装置图 | (b) 加电场后水通过泡沫铜 |

第三，pH。在油水分离或其他污水处理过程中，pH 值是必须要考虑的一个重要的参数，这是因为在实际应用中水况条件非常复杂，pH 因污水来源不同会出现较大的差异。因此，研究 pH 响应性材料在油水分离中的应用有着非常重要的现实意义。

Cheng 等[53] 先用纳米针状氢氧化铜修饰铜网，在此基础上，再用响应性的硫醇对膜进行修饰，得到的材料在中性溶液中具有超疏水特性，而在强碱性溶液中则具有超亲水和水下超疏油特性。通过改变油水混合物的 pH 值，可实现油水分离的可控性（图 1-16）。Zhou 等[57] 利用甲基丙烯酸六氟丁酯嵌段共聚物对膜材料进行修饰，也实现了 pH 响应的可控油水分离。

图 1-16　**pH 响应性材料在油水分离中的应用**[53]

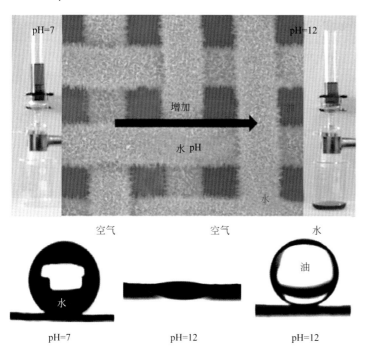

第四，气敏。气敏材料是近年来发展较为迅速的一类智能材料，被广泛用于传感、检测等领域。利用材料在特殊气体作用下浸润性的改变，研究者们将其应用于油水分离领域，并取得了较理想的效果。Xu 等[54] 利用 HFA-TiO$_2$ 凝胶对纺织材料进行修饰，该材料具有本征疏水性能，这主要归因于其中含有的低表面能的全氟烷烃链。在氨气作用下，该材料由超疏水转变为超亲水，具有很好的油水分离性能（图 1-17）。Che 等[55] 通过 PMMA-co-PDEAEMA 进行电纺丝得到油水分离膜，由于膜中含有对 CO$_2$ 具有响应性的 PDEAEMA 组分，在 CO$_2$ 作用下具有很好的亲水性及油水分离效率。

图 1-17　气敏性膜材料用于油水分离[54]

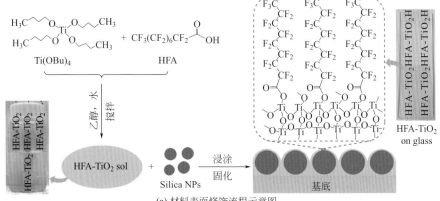

(a) 材料表面修饰流程示意图

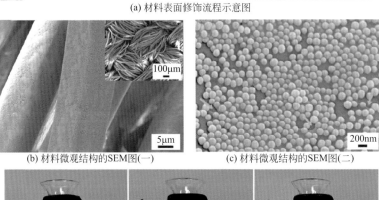

(b) 材料微观结构的SEM图(一)　　　　(c) 材料微观结构的SEM图(二)

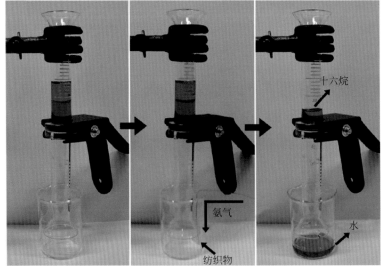

(d) 试验装置及氨气作用下的油水分离

智能响应材料种类较多，新的研究成果也在不断涌现，如对热[52,58]、水[59] 等方面有响应的材料也有报道，这里不再赘述。

1.3
现有超亲水处理方法

在油水分离中，超亲水油水分离材料具有聚合物薄膜材料、超疏水材料等不具备的优越性，它的发展依赖于超亲水处理方法的发展，近几年超亲水处理方法的发展主要集中在外部刺激法、激光/等离子体激发法以及表面修饰法三个方面。

1.3.1　外部刺激法

顾名思义，外部刺激法就是在外界刺激作用下使材料呈现超亲水性的一种方法。前面提到的刺激响应性油水分离材料，其亲疏水转化的本质也就是外部刺激法。外部刺激包括光、电、热、气、磁场等外界因素，其中发展最早、研究最多的莫过于 TiO_2 材料的光致亲水性。本节主要以光致亲水性为例对外部刺激法进行介绍。

1997 年，Fujishima 等[60] 在《Nature》上首次报道了 TiO_2 的光致亲水性。研究表明：涂覆有 TiO_2 的表面在紫外光下能呈现出很好的亲水性，而当其贮存于黑暗条件下，材料表面将失去亲水性能。他们还将 TiO_2 涂覆于玻璃表面，发现玻璃在紫外光照射后具有很好的防雾功能（图 1-18）。这一首创性成果引发了极大的关注，研究者们不仅研究了光致亲水性的影响因素[61]，最重要的是，他们力图拓宽 TiO_2 的光谱响应范围，从而实现可见光条件下的亲水性。在机理方面，随着 TiO_2 光致亲水性研究的不断深入，形成了光致亲水性的两种观点：一种观点认为，TiO_2 的光致亲水性主要是因为光生空穴捕获空气中的水分子，生成了—OH 等表面极性基团，从而实现亲水转化[62,63]；另一种观点认为，TiO_2 的光照条件下的亲水转化主要是由于表面碳素在光照下分解产生的[64]。

研究者们对其他的光致亲水材料也进行了深入的探索[65,66]。如图 1-19 所示，Lim 等[65] 制备了一种玫瑰花状的 V_2O_5 界面材料，这种材料在紫外光照下同样具有很好的亲水特性，而在黑暗条件下贮存会恢复其疏水特性，这种亲水疏水之间的转化具有很好的循环稳定性。研究还发现，V_2O_5 的光致亲水性是由于光照之后表面的极性基团（—OH 和 H_2O）的含量增加了。这与 TiO_2 光致亲水机理是一致的。

图 1-18 TiO$_2$ 的光致亲水性与防雾性能[60]

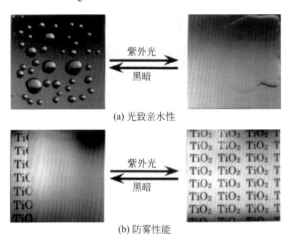

(a) 光致亲水性

(b) 防雾性能

图 1-19 V$_2$O$_5$ 的光致亲水性[65]

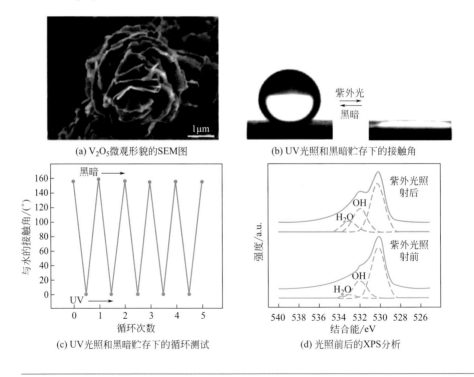

(a) V$_2$O$_5$微观形貌的SEM图

(b) UV光照和黑暗贮存下的接触角

(c) UV光照和黑暗贮存下的循环测试

(d) 光照前后的XPS分析

其他外界因素如电、气、磁等均有可能使材料表面发生亲水性转化，在实际应用中也有着广泛的用途。然而，外界刺激下所导致的超亲水性，最大的局限在于：当外界刺激消失之后，材料的超亲水性将逐渐消失，这在实际应用中是不利的；同时，外界刺激的存在，意味着将会伴随着能量的消耗和损失，这与节能、可持续发展的理念是不相符的。

1.3.2　激光/等离子体激发法

激光/等离子体激发法在本质上与外部刺激法有点类似，然而它们最大的区别在于该方法所得到的材料的亲水性寿命较长，从而在一些高端的电子、光学等器件上有着很好的应用。因为材料表面的浸润性主要取决于表面成分和表面结构两个方面，对于本征亲水的材料，表面结构通过增大表面的粗糙度因子，使其亲水性能进一步增强。激光/等离子体激发法主要基于这两个方面来增强表面的亲水性。

2010 年，Vorobyev 等[67] 通过激光脉冲的方法，得到了由微槽道构成的玻璃表面，经过处理的玻璃表面，具有很好的亲水性，同时由于微槽道的存在，水能通过毛细力的作用，克服重力作用进行传输 [图 1-20(a)、(b)]。由此可见激光激发法能显著增大基体表面的粗糙度因子。另一方面，相比于激光激发法，等离子体激发法是一种相对比较温和的改性方法。Xia 等[68] 先在疏水性质的基体上加工单一方向的微槽道，然后用等离子体对基体材料进行改性，得到了具有各向异性的亲水材料。这一研究中，表面结构变化不大，亲水性的产生主要归因于表面成分的变化 [图 1-20(c)、(d)]。

关于激光/等离子体激发法的相关工作还有很多[69,70]，这里不再一一详述。必须提到的是，离子刻蚀法也是一种与激光/等离子体激发法相类似的亲水改性方法，本质都是一样的，只是放射源不同而已。

激光/等离子体激发法操作简单，得到的材料亲水稳定性好，但这类方法对设备及操作的要求非常高，从而使改性成本增加，限制了其发展和应用。

1.3.3　表面修饰法

表面修饰法由于对基体材料要求较低，是一种最为通用的亲水改性方法。根据修饰物质的种类，可将表面亲水修饰分为无机物修饰和有机物修饰两种。

图 1-20　激光激发法[67]　和等离子体激发法[68]　用于亲水改性

(a) 激光激发法(一)

(b) 激光激发法(二)

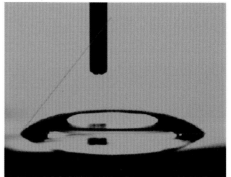

(c) 等离子体激发法(一)

(d) 等离子体激发法(二)

第一，无机物修饰。用于亲水修饰的无机物，一般为本征亲水的无机物（如 TiO_2 等[71~73] ），再通过构筑一定的形貌[33,66,71]，使其生长或附着于基体材料表面，从而达到超亲水改性的目的。常用的无机物亲水改性方法有水热法[74]、阳极氧化法[75]、电沉积法[46]、直接涂覆法[49] 等。用无机物进行亲水修饰，局限在于操作过程比较复杂，有些还需要用到要求比较高的设备（如水热法）。

第二，有机物修饰。用于亲水修饰的有机物，通常是含有极性基团（如 —OH、—COOH、—NH$_2$ 等）的有机物。按照分子量的大小，又可以将有机物修饰划分为大分子修饰和小分子修饰两种。

对于大分子修饰，由于修饰剂分子量较大，修饰后附着层较厚，可以通过层间的范德华力进行结合，从而使修饰过程简化。最常见的大分子亲水修饰有凝胶修饰[77]、聚合物修饰[44,78]、多糖修饰等[79]。

对于小分子修饰，由于修饰剂分子量小，通过范德华力很难使其稳定附着于基体表面，所以通常需要通过与表面化合成键来增强稳定性。如图 1-21

图 1-21　有机小分子修饰玻璃表面[76]

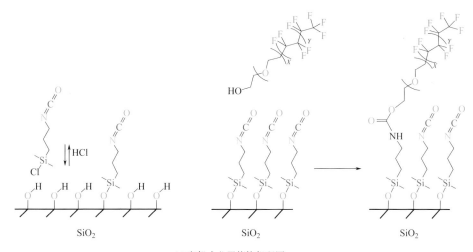

(a) 有机小分子修饰机理图

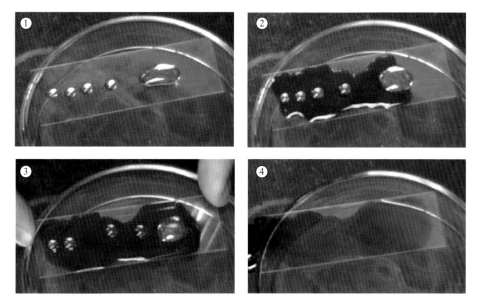

(b) 随修饰程度加深玻璃表面的浸润性变化

所示，Howarter 等[76] 利用小分子对玻璃表面进行亲水修饰，他们先要对玻璃表面进行预处理，使其产生能与有机小分子成键的表面羟基，然后再进行小分子修饰。可以看到，随着有机小分子修饰程度的加深，玻璃表面的亲水性逐渐增强。

表面修饰法对于亲水改性来说虽然通用性较好，但其对试剂要求以及操作过程比较严苛，这在一定程度上限制其发展与广泛应用。

综上三种亲水处理方法各有优缺点，其应用适合于特定领域。针对超亲水油水分离材料，这三种方法均有所限制。

参考文献

[1] 陈粤. TiO₂ 纳米管阵列界面制备与功能应用. 广州：中山大学，2011.

[2] 罗智勇. 基于化学键极性的氟致超亲水原理及其油水分离应用. 广州：中山大学，2017.

[3] Wenzel R N. Resistance of Solid Surfaces to Wetting by Water. Industrial & Engineering Chemistry，**1936**，28：988-994.

[4] Shibuichi S，Onda T，Satoh N，et al. Super Water-Repellent Surfaces Resulting from Fractal Structure. The Journal of Physical Chemistry，**1996**，100：19512-19517.

[5] Cassie A B D，Baxter S. Wettability of porous surfaces. Transactions of the Faraday Society，**1944**，40：546-551.

[6] Bico J，Thiele U，Quéré D. Wetting of textured surfaces. Colloids and Surfaces A: Physicochemical and Engineering Aspects，**2002**，206：41-46.

[7] Lafuma A，Quere D. Superhydrophobic states. Nature Materials，**2003**，2：457-460.

[8] Tuteja A，Choi W，Ma M L，et al. Designing superoleophobic surfaces. Science，**2007**，318：1618-1622.

[9] Worton D R，Zhang H，Isaacman-vanWertz G，et al. Comprehensive chemical characterization of hydrocarbons in nist standard reference material 2779 gulf of mexico crude oil. Environ Sci Technol，**2015**，49：13130-13138.

[10] Kintisch E. An audacious decision in crisis gets cautious praise. Science，**2010**，329：735-736.

[11] Huang Y，Li H，Wang L，et al. Ultrafiltration membranes with structure-optimized graphene-oxide coatings for antifouling oil/water separation. Advanced Materials Interfaces，**2015**，2：1400433.

[12] Duong P H，Chung T S，Wei S，et al. Highly permeable double-skinned forward osmosis membranes for anti-fouling in the emulsified oil-water separation process. Environ Sci Technol，**2014**，48：4537-4545.

[13] Vatanpour V，Madaeni S S，Moradian R，et al. Fabrication and characterization of no-

vel antifouling nanofiltration membrane prepared from oxidized multiwalled carbon nanotube/polyethersulfone nanocomposite. J MEMBRANE SCI, **2011**, 375: 284-294.

[14] Razmjou A, Mansouri J, Chen V. The effects of mechanical and chemical modification of TiO_2 nanoparticles on the surface chemistry, structure and fouling performance of PES ultrafiltration membranes. J MEMBRANE SCI, **2011**, 378: 73-84.

[15] Tang C Y, Chong T H, Fane A G. Colloidal interactions and fouling of NF and RO membranes: A review. Adv Colloid Interface Sci, **2011**, 164: 126-143.

[16] Lee, S, Boo, C, Elimelech M, et al. Comparison of fouling behavior in forward osmosis (FO) and reverse osmosis (RO). J MEMBRANE SCI, **2010**, 365: 34-39.

[17] Tijing L D, Woo Y C, Choi J S, et al. Fouling and its control in membrane distillation-A review. J MEMBRANE SCI, **2015**, 475: 215-244.

[18] Feng L, Zhang Z Y, Mai Z H, et al. A super-hydrophobic and super-oleophilic coating mesh film for the separation of oil and water. Angew. Chem. Int. Ed. , **2004**, 43: 2012-2014.

[19] Zhang W, Shi Z, Zhang F, et al. Superhydrophobic and superoleophilic PVDF membranes for effective separation of water-in-oil emulsions with high flux. Adv. Mater. , **2013**, 25: 2071-2076.

[20] Yang H C, Liao K J, Huang H, et al. Mussel-inspired modification of a polymer membrane for ultra-high water permeability and oil-in-water emulsion separation. Journal of Materials Chemistry A, **2014**, 2: 10225-10230.

[21] Zhang C L, Li P, Cao B. Electrospun microfibrous membranes based on PIM-1/POSS with high oil wettability for separation of oil-water mixtures and cleanup of oil soluble contaminants. Ind Eng Chem Res, **2015**, 54: 8772-8781.

[22] Gao X, Zhou J, Du R, et al. Robust superhydrophobic foam: A graphdiyne-based hierarchical architecture for oil/water separation. Adv. Mater. , **2016**, 28: 168-173.

[23] Liu Y, Zhang K T, Yao W G, et al. A facile electrodeposition process for the fabrication of superhydrophobic and superoleophilic copper mesh for efficient oil-water separation. Ind Eng Chem Res, **2016**, 55: 2704-2712.

[24] Zhang F, Zhang W B, Shi Z, et al. Nanowire-haired inorganic membranes with superhydrophilicity and underwater ultralow adhesive superoleophobicity for high-efficiency oil/water separation. Adv. Mater. , **2013**, 25: 4192-4198.

[25] Zhang L, Zhong Y, Cha D, et al. A self-cleaning underwater superoleophobic mesh for oil-water separation. SCI REP-UK, **2013**, 3: 2326.

[26] Yang S, Si Y, Fu Q, et al. Superwetting hierarchical porous silica nanofibrous membranes for oil/water microemulsion separation. NANOSCALE, **2014**, 6: 12445-12449.

[27] Zhang G Y, Li M, Zhang B D, et al. A switchable mesh for on-demand oil-water separation. Journal of Materials Chemistry A, **2014**, 2: 15284-15287.

[28] Pi P H, Hou K, Zhou C L, et al. A novel superhydrophilic-underwater superoleophobic Cu_2S coated copper mesh for efficient oil-water separation. Mater Lett, **2016**, 182: 68-71.

[29] Zhang J Q, Xue Q Z, Pan X L, et al. Graphene oxide/polyacrylonitrile fiber hierarchical-struc

tured membrane for ultra-fast microfiltration of oil-water emulsion. Chem Eng J, 2017, 307: 643-649.

[30] Zhou C L, Cheng J, Hou K, et al. Preparation of $CuWO_4@Cu_2O$ film on copper mesh by anodization for oil/water separation and aqueous pollutant degradation. Chem Eng J, 2017, 307: 803-811.

[31] Chu Z, Seeger S. Superamphiphobic surfaces. Chem Soc Rev, 2014, 43: 2784-2798.

[32] Drelich J, Chibowski E, Meng D D, et al. Hydrophilic and superhydrophilic surfaces and materials. Soft Matter, 2011, 7: 9804-9828.

[33] Lai Y, Huang J, Cui Z, et al. Recent advances in TiO_2-based nanostructured surfaces with controllable wettability and adhesion. Small, 2016, 12: 2203-2224.

[34] Cao Y, Zhang X, Tao L, et al. Mussel-inspired chemistry and Michael addition reaction for efficient oil/water separation. ACS Appl. Mat. Interfaces, 2013, 5: 4438-4442.

[35] Crick C R, Gibbins J A, Parkin I P. Superhydrophobic polymer-coated copper-mesh; membranes for highly efficient oil-water separation. Journal of Materials Chemistry A, 2013, 1: 5943-5948.

[36] Kong L H, Chen X H, Yu L G, et al. Superhydrophobic cuprous oxide nanostructures on phosphor-copper meshes and their oil-water separation and oil spill cleanup. ACS Appl. Mat. Interfaces, 2015, 7: 2616-2625.

[37] Zhou X, Zhang Z, Xu X, et al. Robust and durable superhydrophobic cotton fabrics for oil/water separation. ACS Appl. Mat. Interfaces, 2013, 5: 7208-7214.

[38] Shang Y, Si Y, Raza A, et al. An in situ polymerization approach for the synthesis of superhydrophobic and superoleophilic nanofibrous membranes for oil-water separation. NANOSCALE, 2012, 4: 7847-7854.

[39] Tenjimbayashi M, Sasaki K, Matsubayashi T, et al. A biologically inspired attachable, self-standing nanofibrous membrane for versatile use in oil-water separation. NANOSCALE, 2016, 8: 10922-10927.

[40] Si Y, Yu J Y, Tang X M, et al. Ultralight nanofibre-assembled cellular aerogels with superelasticity and multifunctionality. Nat. Commun. , 2014, 5: 5802.

[41] Cao N, Yang B, Barras A, et al. Polyurethane sponge functionalized with superhydrophobic nanodiamond particles for efficient oil/water separation. Chem Eng J, 2017, 307: 319-325.

[42] Chen X M, Weibel J A, Garimella S V. Continuous oil-water separation using polydimethylsiloxane-functionalized melamine sponge. Ind Eng Chem Res, 2016, 55: 3596-3602.

[43] Si Y, Fu Q, Wang X, et al. Superelastic and superhydrophobic nanofiber-assembledcellular aerogels for effective separation of oil/water emulsions. ACS Nano, 2015, 9: 3791-3799.

[44] Liu M J, Wang S T, Wei Z X, et al. Bioinspired design of a superoleophobic and low adhesive water/solid interface. Adv. Mater. , 2009, 21: 665-669.

[45] Xue Z, Wang S, Lin L, et al. A novel superhydrophilic and underwater superoleophobic hydrogel-coated mesh for oil/water separation. Adv. Mater. , 2011, 23: 4270-4273.

[46] Zhang E S, Cheng Z J, Lv T, et al. Anti-corrosive hierarchical structured copper mesh film with superhydrophilicity and underwater low adhesive superoleophobicity for highly efficient oil-water separation. Journal of Materials Chemistry A, 2015, 3: 13411-13417.

［47］Chen Y E, Wang N, Guo F Y, et al. A Co$_3$O$_4$ nano-needle mesh for highly efficient, highflux emulsion separation. Journal of Materials Chemistry A, **2016**, 4: 12014-12019.

［48］Wen Q, Di J C, Jiang L, et al. Zeolite-coated mesh film for efficient oil-water separation. Chem Sci, **2013**, 4: 591-595.

［49］Li J, Li D M, Yang Y X, et al. A prewetting induced underwater superoleophobic or underoil（super）hydrophobic waste potato residue-coated mesh for selective efficient oil/water separation. Green Chem, **2016**, 18: 541-549.

［50］Lin X, Chen Y, Liu N, et al. In situ ultrafast separation and purification of oil/water emulsions by superwetting TiO$_2$ nanocluster-based mesh. NANOSCALE, **2016**, 8: 8525-8529.

［51］Lin X, Lu F, Chen Y, et al. Electricity-induced switchable wettability and controllable water permeation based on 3D copper foam. Chem Commun, **2015**, 51: 16237-16240.

［52］Cao Y, Liu N, Fu C, et al. Thermo and pH dual-responsive materials for controllable oil/water separation. ACS Appl. Mat. Interfaces, **2014**, 6: 2026-2030.

［53］Cheng Z, Wang J, Lai H, et al. pH-controllable on-demand oil/water separation on the switchable superhydrophobic/superhydrophilic and underwater low-adhesive superoleophobic copper mesh film. Langmuir, **2015**, 31: 1393-1399.

［54］Xu Z, Zhao Y, Wang H, et al. A superamphiphobic coating with an ammonia-triggered transition to superhydrophilic and superoleophobic for oil-water separation. Angew. Chem. Int. Ed., **2015**, 54: 4527-4530.

［55］Che H, Huo M, Peng L, et al. CO$_2$-responsive nanofibrous membranes with switchable oil/water wettability. Angew. Chem. Int. Ed., **2015**, 54: 8934-8938.

［56］Li L, Liu Z Y, Zhang Q Q, et al. Underwater superoleophobic porous membrane based on hierar-chical TiO$_2$ nanotubes: multifunctional integration of oil-water separation, flow-through photocatalysis and self-cleaning. Journal of Materials Chemistry A, **2015**, 3: 1279-1286.

［57］Zhou Y N, Li J J, Luo Z H. Toward efficient water/oil separation material: Effect of copolymer composition on pH-responsive wettability and separation performance. AIChE J, **2016**, 62: 1758-1771.

［58］Ou R, Wei J, Jiang L, et al. Robust thermoresponsive polymer composite membrane with switchable superhydrophilicity and superhydrophobicity for efficient oil-water separation. Environ Sci Technol, **2016**, 50: 906-914.

［59］Kota A K, Kwon G, Choi W, et al. Hygro-responsive membranes for effective oil-water separation. Nat. Commun., **2012**, 3: 1025.

［60］Wang R, Hashimoto K, Fujishima A, et al. Light-induced amphiphilic surfaces. Nature, **1997**, 388: 431-432.

［61］Emeline A V, Rudakova A V, Sakai M, et al. Factors affecting UV-induced superhydrophilic conversion of a TiO$_2$ surface. The Journal of Physical Chemistry C, **2013**, 117: 12086-12092.

［62］Sahoo M, Mathews T, Antony R P, et al. Physico-chemical processes and kinetics of sunlight-induced hydrophobic↔superhydrophilic switching of transparent N-doped TiO$_2$ thin films. ACS Appl. Mat. Interfaces, 2013, 5: 3967-3974.

[63] Caputo G, Cortese B, Nobile C, et al. Reversibly light-switchable wettability of hybrid organic/Inorganic surfaces with dual micro-/nanoscale roughness. Adv Funct Mater, 2009,19: 1149-1157.

[64] Antony R P, Mathews T, Dash S, et al. Kinetics and physicochemical process of photoinduced hydrophobic↔superhydrophilic switching of pristine and N-doped TiO$_2$ nanotube arrays. The Journal of Physical Chemistry C, 2013, 117: 6851-6860.

[65] Lim H S, Kwak D, Lee D Y, et al. UV-driven reversible switching of a roselike vanadium oxide film between superhydrophobicity and superhydrophilicity. J Am Chem Soc, 2007, 129: 4128-4129.

[66] Liu Y, Lin Z, Lin W, et al. Reversible superhydrophobic-superhydrophilic transition of ZnO nanorod/epoxy composite films. ACS Appl. Mat. Interfaces, 2012, 4: 3959-3964.

[67] Vorobyev A Y, Guo C. Laser turns silicon superwicking. OPT EXPRESS, 2010, 18: 6455-6460.

[68] Xia D, He X, Jiang Y B, et al. Tailoring anisotropic wetting properties on submicrometer-scale periodic grooved surfaces. Langmuir, 2010, 26: 2700-2706.

[69] Xu K, Wang X, Ford R M, et al. Self-partitioned droplet array on laser-patterned superhydrophilic glass surface for wall-less cell arrays. Anal Chem, 2016, 88: 2652-2658.

[70] Di Mundo R, d'Agostino R, Palumbo F. Long-lasting antifog plasma modification of transparent plastics. ACS Appl. Mat. Interfaces, 2014, 6: 17059-17066.

[71] Peng B, Tan L, Chen D, et al. Programming surface morphology of TiO$_2$ hollow spheres and their superhydrophilic films. ACS Appl. Mat. Interfaces, 2012, 4: 96-101.

[72] Sun R Z, Bai H, Ju J, et al. Droplet emission induced by ultrafast spreading on a superhydrophilic surface. Soft Matter, 2013, 9: 9285-9289.

[73] Wang L F, Zhao Y, Wang J M, et al. Ultra-fast spreading on superhydrophilic fibrous mesh with nanochannels. Appl Surf Sci, 2009, 255: 4944-4949.

[74] Lin X, Lu F, Chen Y, et al. One-step breaking and separating emulsion by tungsten oxide coated mesh. ACS Appl. Mat. Interfaces, 2015, 7: 8108-8113.

[75] Lai Y K, Tang Y X, Huang J Y, et al. Bioinspired TiO$_2$ nanostructure films with special wettability and adhesion for droplets manipulation and patterning. SCI REP-UK, 2013, 3: 3009.

[76] Howarter J A, Youngblood J P. Self-cleaning and anti-fog surfaces via stimuli-responsive polymer brushes. Adv. Mater. , 2007, 19: 3838-3843.

[77] Cai Y, Lu Q, Guo X, et al. Salt-tolerant superoleophobicity on alginate gel surfaces inspired by seaweed (Saccharina japonica). Adv. Mater. , 2015, 27: 4162-4168.

[78] Lee H, Alcaraz M L, Rubner M F, et al. Zwitter-wettability and antifogging coatings with frost-resisting capabilities. ACS Nano, 2013, 7: 2172-2185.

[79] Chevallier P, Turgeon S, Sarra-Bournet C, et al. Characterization of multilayer antifog coatings. ACS Appl. Mat. Interfaces, 2011, 3: 750-758.

第2章

TiO$_2$纳米管及Ti纳米针阵列界面及其浸润性

Fujishima 和 Honda 在 1972 年发现 TiO_2 电极在紫外光（UV）照射下可光催化分解水制氢[1~3]。自此，TiO_2 开始受到广泛关注并掀起关于 TiO_2 物质结构[4]、光催化性质[5]、界面自清洁性质[6]、生物兼容等内容的研究热潮，涉及能源、环境、生物医学等多个领域。近年来随着纳米科技的兴起，TiO_2 纳米材料的制备方法与性能研究被大量报道[4]，低尺度化后的 TiO_2 纳米材料在各方面性能与应用表现均十分优异[7~9]。

2.1
TiO_2 纳米管阵列界面的制备

2.1.1　TiO_2 结构

在自然界中发现有三种形态的 TiO_2 矿物：金红石、锐钛矿和板钛矿，它们都属于 TiO_2 的同素异形体。金红石型和锐钛矿型是研究最为广泛的 TiO_2 晶型；它们均属于四方晶系，基本单元都是 TiO_6 八面体，1 个 Ti 原子连接 6 个 O 原子。在金红石型中，每个八面体邻接 10 个相邻八面体，其中 2 个与其共边，8 个与其共顶点；而锐钛矿型中，每个八面体邻接 8 个相邻八面体，其中 4 个共边，4 个共顶点。金红石型的八面体对称性比正交晶系稍微扭曲；而锐钛矿型的八面体畸变较大，对称性明显低于正交晶系。由于晶型结构的差异，它们的热稳定性不同（锐钛矿型加热至一定温度可转化为金红石型）、物质密度以及电子能带结构也有所差异，如图 2-1 所示。

2.1.2　TiO_2 纳米管形成机理与制备

（1）一维阵列式纳米管/孔结构

TiO_2 纳米管集纳米效应与多功能特性于一体，属于一维纳米材料，拥有较高的比表面积以及高效的载荷输运效率，在界面浸润[10,11]、光电化学[12]、光催化[13]、染料敏化太阳能电池[8,14]、电致变色[15]、氢气传感器[16] 以及生物医学[17,18] 等领域均有潜在应用前景，近来受到越来越多的关注。

TiO_2 纳米管的制备方法很多，主要包括模板法[19]、水热法[20]、溶胶凝胶法以及电化学阳极氧化法[4]。相比于其他制备方法，阳极氧化法制备 TiO_2 纳米管具有更高的结构可控性，类似于多孔 Al_2O_3 的阳极氧化法制备。

图 2-1　金红石型和锐钛矿型晶型结构及参数 [5]
1cal= 4.1840J

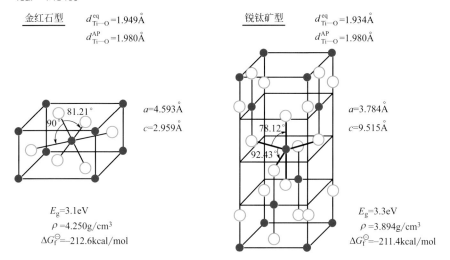

金红石型　　$d_{\text{Ti—O}}^{\text{eq}}=1.949\text{Å}$　　　　锐钛矿型　　$d_{\text{Ti—O}}^{\text{eq}}=1.934\text{Å}$
　　　　　　$d_{\text{Ti—O}}^{\text{AP}}=1.980\text{Å}$　　　　　　　　　　$d_{\text{Ti—O}}^{\text{AP}}=1.980\text{Å}$

81.21°
90°
$a=4.593\text{Å}$
$c=2.959\text{Å}$

78.12°
92.43°
$a=3.784\text{Å}$
$c=9.515\text{Å}$

$E_g=3.1\text{eV}$
$\rho=4.250\text{g/cm}^3$
$\Delta G_f^{\ominus}=-212.6\text{kcal/mol}$

$E_g=3.3\text{eV}$
$\rho=3.894\text{g/cm}^3$
$\Delta G_f^{\ominus}=-211.4\text{kcal/mol}$

　　阳极氧化法是一种经典的金属表面处理技术，可于金属表面制备一层致密的氧化层，进行表面耐腐蚀处理或者表面着色处理；常用于铝合金及钛合金的表面处理。然而，在优化电化学条件之后，阳极氧化法可于阀金属及其合金表面制备大面积具有阵列式纳米孔/纳米管阵列结构的氧化层，如图 2-2 所示。已经报道的金属包括：Al[21,22]、Ti[23~25]、W[26]、Hf[27]、Ta[28]、Zr[29]、Nb[30]、Fe[31]。经研究发现，这些阀金属拥有许多相同的特性，即在阳极氧化初期金属表面会形成一层致密的氧化层；而它们形成多孔/管结构的电化学现象以及内在机制也具有很强的相似性。

（2）阳极氧化 TiO₂ 纳米管形成机理

　　如图 2-3 所示，在阳极氧化过程中，金属接于阳极，在一定的电压作用下，金属与电解液发生反应，其间（以 Ti 为例）[32,33]：

　　① Ti 失去电子，被氧化为 Ti^{4+}，形成氧化层；且在电场的作用下，带正电的 Ti^{4+} 会在氧化层内往外迁移至氧化层/电解液界面。

　　② O^{2-} 从 H_2O 分子中解离出来，参与氧化层的形成；在电场的作用之下，迁移向氧化层/金属界面与 Ti^{4+} 结合。

　　③ 若电解液具有一定的腐蚀性，氧化层将被其溶解。在含氟电解液中，靠近氧化层/电解液界面的 TiO_2 会与 HF 发生溶解反应。

图 2-2　阳极氧化法于金属或合金表面制备纳米孔/纳米管阵列氧化层 SEM 图[32]

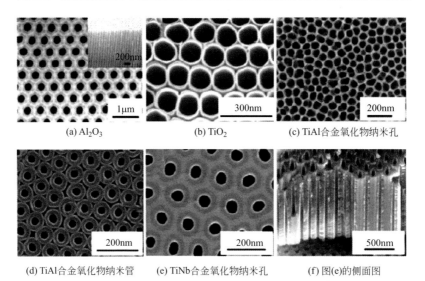

(a) Al$_2$O$_3$　　　　　　(b) TiO$_2$　　　　　　(c) TiAl合金氧化物纳米孔

(d) TiAl合金氧化物纳米管　　(e) TiNb合金氧化物纳米孔　　(f) 图(e)的侧面图

图 2-3　阳极氧化法制备各种结构氧化层及离子迁移机制示意图[32]

①氧化层形成机制；
②阳极氧化可制备的不同结构；
③离子迁移机制

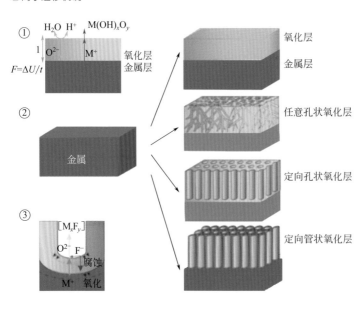

①和②机制的化学反应式可写作：

$$Ti+2H_2O \Longrightarrow TiO_2+4H^+ +4e^- \tag{2-1}$$

其中，H$^+$ 迁移至阴极发生还原反应：

$$4H^+ +4e^- \longrightarrow 2H_2 \tag{2-2}$$

③ 发生的溶解反应如下：

$$TiO_2+6F^- +4H^+ \longrightarrow TiF_6^{2-} +2H_2O \tag{2-3}$$

$$Ti(OH)_4+6F^- \longrightarrow TiF_6^{2-} +4OH^- \tag{2-4}$$

$$Ti^{4+} +6F^- \longrightarrow TiF_6^{2-} \tag{2-5}$$

对于 Ti 阳极氧化，通过控制阳极氧化过程的电化学参数，比如温度、电压、电解液成分、反应时间等，可以得到不同结构的氧化膜，如图 2-3② 所示。1999 年 Zwilling 等[23] 首次报道了在含氟电解液中可制备 TiO$_2$ 多孔薄膜；2001 年，美国宾夕法尼亚州立大学（The Pennsylvania State University）Craig A. Grimes 教授课题组[24] 利用 HF 水溶液首次制备了 TiO$_2$ 纳米管阵列（TNTAs）氧化膜，该纳米管垂直于 Ti 金属表面，且排列均匀。德国埃朗根-纽伦堡大学（University of Erlangen-Nuremberg）Patrik Schmuki 教授研究小组[25,32] 也对 TNTAs 制备、机理及性能应用做了大量的研究。

基于以上关于阳极氧化过程的电化学反应分析，以阳极氧化制备纳米孔阵列 Al$_2$O$_3$ 为例，解释阵列式纳米孔/管氧化层结构的形成过程及机制。如图 2-4（a）所示，阳极氧化刚开始时，阳极表层的 Al 迅速被氧化，生成致密的氧化层，Al 被氧化失去电子，阳极氧化电流突然升高；而随着氧化层的增厚，减缓了 O^{2-} 的内迁移，而 Al^{3+} 的外迁移较缓慢，使得阳极电流开始下降，如图 2-4（e）所示。在形成的氧化层中，分布着电场，由于阳极表面具有一定的粗糙度，凹凸起伏将使阳极表面的电场强度出现非均匀分布 [图 2-4（b）]。电场强度相对较强的区域可诱导较强的 Al$_2$O$_3$ 溶解，慢慢形成最初的孔核；孔核处由于氧化层表层被溶解，使得该处 O^{2-} 内迁移增强；大量孔核的出现，将使电流回升 [图 2-4（c）]。O^{2-} 内迁移使该处氧化层往金属深处生长，该处形成的凹陷一直保持较强的电场强度，氧化层溶解也不断进行；孔核逐渐长成孔，并形成稳态生长状态，纳米孔将不断纵深生长 [图 2-4（d）]。由于管口的 Al$_2$O$_3$ 也会溶解，当纳米孔向金属深处生长的速率与管口 Al$_2$O$_3$ 的溶解速率达到平衡时，氧化层的厚度将达到平衡。

由于金属与氧化物的密度不同，而发生氧化前后金属原子的数量可视为不变，故金属被氧化后，其体积将发生膨胀；而在达到稳态生长后，金属表面投影面积上的孔核密度保持不变，则体积膨胀将导致孔底氧化层内形成挤压应力；该应力可使该处氧化物出现横向移动以及沿管壁向上移动，如图 2-4(f)所示。目前已有一些模拟计算和实验结果证明氧化层内应力的存在及分布[34]。

孔底电解液中的 H_2O 由于不断解离出 H^+，也使得孔底能保持酸性环境，保证孔底氧化层的持续溶解，以支持孔的生长[35]［图 2-4(g)］。

图 2-4　阳极氧化法制备多孔氧化铝过程示意图[32]

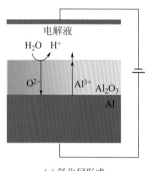

(a) 氧化层形成

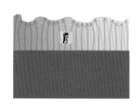

(b) 表面凹凸引起电场不均

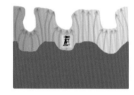

(c) 击穿形成孔核

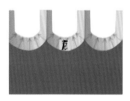

(d) 纳米孔纵深生长

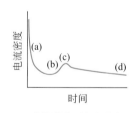

(e) 阳极氧化过程电流变化

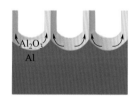

(f) 阳极氧化过程应力分布

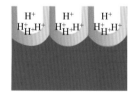

(g) 阳极氧化过程孔底酸化

阳极氧化过程，若纳米孔胞出现间隙并分离，则形成纳米管阵列。目前该分离机制仍未得到确证，仅以溶解理论对其进行解释。Ti 金属阳极氧化后一般可生成纳米管阵列，Schmuki 研究小组发现纳米管底氧化层/金属界面存在一层含氟层（FRL），该含氟层是由于 F$^-$ 迁移速率比 O^{2-} 快而导致的，该含氟层也存在于纳米管之间；由于含氟层易溶于电解液，这使得阳极氧化过程中，电解液对含氟层的快速溶解效应导致孔与孔之间产生间隙，进而形成纳米管阵列，如图 2-5(b) 所示[36]。在阳极氧化 Al 时，孔内壁也存在富含电解液阴离子的例子[37]，如图 2-5(a) 所示。

图 2-5　纳米孔和纳米管外壁物质含量非均匀分布示意图[32]

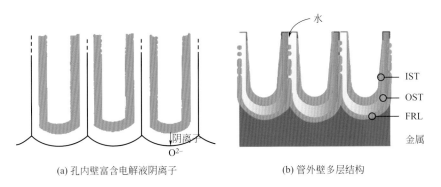

(a) 孔内壁富含电解液阴离子　　　　　　(b) 管外壁多层结构

（3）阳极氧化 TiO$_2$ 纳米管制备进展

目前，纳米管参数调节的一般范围为：管壁厚度 5～30nm；管径 20～350nm；管长度 0.2～1000μm。在阳极氧化 TiO$_2$ 纳米管制备的所有参数中，电解液成分影响最大[33]。从 1999 年首次合成纳米孔阵列[23,38] 发展至今，电解液系列的改变，总能够带来尺寸参数调节程度的大幅提高。现有制备 TiO$_2$ 纳米孔/管阵列的电解液可大致归为四类[33,39]：

第一代电解液为酸性氟基水溶液。其最大的特点是腐蚀性强，即对 TiO$_2$ 的溶解能力强。较为典型的成分配置有：HF/H$_2$O[24,40]；HF/HNO$_3$[41]；HF/H$_2$SO$_4$[25]；HF/H$_2$Cr$_2$O$_7$[23,38]；NH$_4$F/CH$_3$COOH[42]；NH$_4$F/H$_2$SO$_4$[43]；H$_3$PO$_4$/HF[44]。采用第一代电解液阳极氧化时，纳米管成型的速率较快；但由于电解液的溶解能力较强，其制备的纳米管最长仅约 1μm，如图 2-6 所示。

图 2-6　Gong 等首次制备的 TiO$_2$ 纳米管阵列 SEM 图[24]

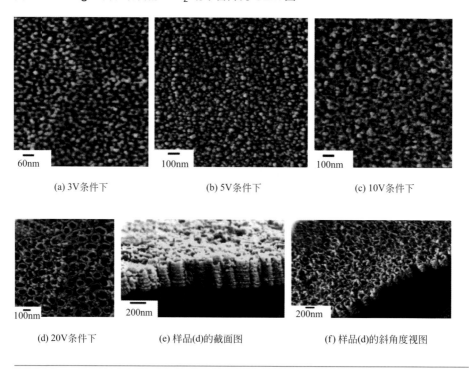

(a) 3V条件下　　　　　　　(b) 5V条件下　　　　　　　(c) 10V条件下

(d) 20V条件下　　　　　　(e) 样品(d)的截面图　　　　　(f) 样品(d)的斜角度视图

　　第二代电解液为 pH 缓冲型氟基水溶液。为了突破第一代电解液管长的极限，人们从降低腐蚀性的角度改进电解液，主要集中在 pH 的控制。通过采用 KF、NaF 等氟盐作电解质[45]，或通过使用 NH$_4$F 配合（NF$_4$）$_2$SO$_4$ 使电解液具有 pH 缓冲作用，使电解液母体 pH 值离开强酸区，达到降低电解液溶解能力的目的[35]，如图 2-7 所示。以此思路，采用碱性氟基水溶液，可以提高纳米管的制备效率。所制备的纳米管具有较高的长径比，且突破了 $1\mu m$ 的长度极限。

　　第三代电解液为氟基有机溶液。其最大特点是采用有机溶液作溶剂，黏度高、电解液腐蚀性较差。由于腐蚀性更低，使纳米管的管长能得到进一步的提高，达到几百微米[46,47]。此外，虽然有机电解液中纳米管生长速率较缓慢，但其生长的纳米管规整度较高。一般情况下，TiO$_2$ 纳米管外壁均有"肋"状凸起，该凸起使纳米管相互连接且显得粗糙，这与阳极氧化电流的震荡情况有关；而采用丙三醇作溶剂时可压制电流震荡，得到管径光滑、无"肋"状凸起的纳米管[39]，如图 2-8 所示。采用二甘醇作电解液，可得到纳米管完全相互分离的纳米管阵列[48]。

图 2-7　反应过程管内 pH 值分布机制及 pH 值-溶解速率示意图[35]

①管内离子迁移；

②管内 pH 值分布；

③管内壁溶解程度分布

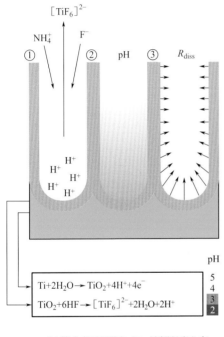

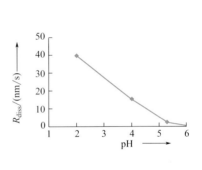

(a) 管内离子迁移与pH、溶解程度分布　　　　　(b) 溶解速率与pH值关系

第四代电解液为无氟电解液。无氟电解液具有明显的意义，在工业生产时可降低设备成本、提高设备寿命且降低对工人的危害。目前报道的无氟电解液一般为含氯电解液，其中包括含 HClO$_4$ 电解液[49]、含 NH$_4$Cl 电解液[50]、含 HCl[51,52] 和 H$_2$O$_2$ 电解液[53]。目前，无氟电解液的研发已取得一定的进展，如图 2-9 所示。

2.1.3　致密型 TiO$_2$ 纳米管阵列界面制备

阳极氧化技术是一门成熟、高效、性价比高的技术，可以在阀金属表面

图 2-8　光滑纳米管与"肋"状纳米管制备及其电流特性[39]

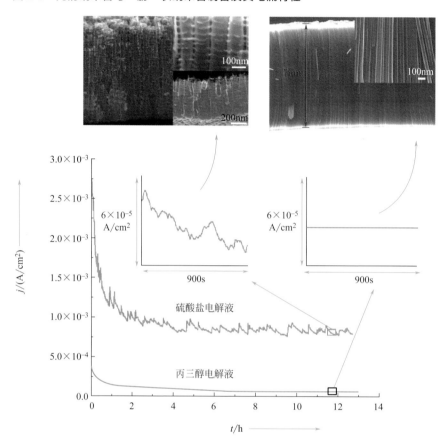

图 2-9　含 HCl 无氟电解液制备的 TiO$_2$ 纳米管阵列[52]

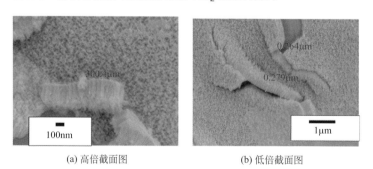

(a) 高倍截面图　　　　　　　　(b) 低倍截面图

自组装制备具有纳米孔或管阵列结构的氧化层。最近十年，美国[33]、德国[32] 等研究小组将阳极氧化技术应用于钛金属及其合金表面处理，成功制备了 TiO₂ 纳米管阵列氧化膜，并开展了其在界面浸润[10,11]、光电化学[12]、光催化[13]、染料敏化太阳能电池[8,14]、电致变色[15]、氢气传感器[16] 以及生物医学[17,18] 等领域的系列应用研究[32,33]。大量的研究结果表明，阳极氧化法制备的 TiO₂ 纳米管阵列具有结构可控性高的特点，这种一维阵列式 TiO₂ 纳米结构界面具有优越的性能以及良好的应用前景。

由于纳米结构参数对纳米材料的性能有较大的影响，TiO₂ 纳米管阵列结构控制与机理研究具有重要的意义。目前，通过阳极氧化法可实现对 TiO₂ 纳米管阵列结构参数进行宽范围的调控[33,54~56]：纳米管内径从 12nm 至 350nm；纳米管外径从 256nm 至 480nm；纳米管壁厚从 5nm 至 34nm；管长至 1000μm；管间距仅至几微米。尽管如此，对于阳极氧化过程中的一些重要步骤的发生机制，由于缺乏可行的在线观测手段、合理的模拟预测模型、有效的对比实验方法，仍未被彻底了解清楚。比如，阳极界面层的离子传输与微观化学反应过程、氧化物纳米管自组装形成的物质优化协调过程机制、氧化物/金属界面上离子移动与结合过程等。所以阳极氧化技术对于尺寸的调控仍存在较大的探索空间。

制备 TiO₂ 纳米管阵列的样品为工业纯，厚度为 0.3mm 的 Ti 金属片。采用绒布对 Ti 金属片进行抛光处理，并相继在纯水、丙酮、去离子水中超声清洗，取出后于室温环境下晾干。将预处理后的 Ti 片按图 2-10 所示进行连接：Ti 金属作为阳极，铅板作为阴极，电极间距为 1cm。

电源为直流稳压电源（0～200V，0～1A）；实验过程的电流用带有 RS232 接口的 PROVA903 型万用表（台湾泰仪电子有限公司）进行采集；用电脑对电流随时间的变化情况进行记录。在实验过程中，阳极氧化反应装置于 25℃ 或 5℃ 恒温水浴中保持恒温。反应得到的样品经去离子水充分清洗后，避光晾干。

（1）管径控制

在阳极氧化过程中，接于阳极的 Ti 金属表面不断被氧化，并以自组装成纳米管的形式形成 TiO₂ 纳米管阵列氧化膜。图 2-11 为典型的"致密型"TiO₂ 纳米管阵列薄膜 SEM 图，该薄膜已从 Ti 金属基底上揭下。图中，黑色箭头指示的插图为纳米管口（薄膜正面）；白色箭头指示的插图为纳米管底闭合端（薄膜底面），该底面紧贴金属基底。致密型纳米管指的是纳米管阵列为致密排列的纳米管束，如图 2-11 所示。

图 2-10　阳极氧化制备装置示意图

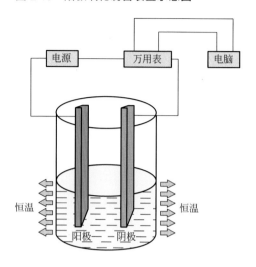

图 2-11　致密型 TiO_2 纳米管 SEM 图

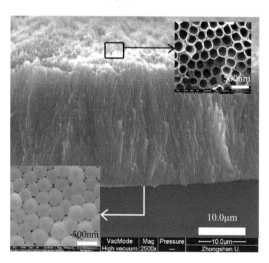

在制备初期发生随机击穿形成孔核，纳米管在电压的作用下于孔核内生长。在孔核底部，电场作用促使 H_2O 发生解离释放 O^{2-}，O^{2-} 穿透阻挡层，并以孔底为圆心以一定半径向基底金属扩散氧化，且电压越高，扩散半径越大。H^+ 的释放加速管底阻挡层溶解，促进 Ti 基底被 O^{2-} 进一步氧化，孔核

得以纵深生长。

Yasuda[57] 等通过总结 Al、Ti 及 Ti-Zr 合金纳米管生长情况后，提出 TiO₂ 纳米管大小与电压之间的关系，如图 2-12 所示。纳米管直径与电压成线性关系；对于钛金属阳极氧化制备的 TiO₂ 纳米管，其纳米管直径与电压的关系因子（$2f_{growth}$）为 5.0nm V^{-1}。由 d 值决定纳米管底的扩散直径，配合管底溶解后，向金属基底纵深生长，如图 2-12②、③所示。但当纳米管纵深生长速率过快时，则会出现来不及横向扩管，而直接以较小的管径向下生长，如图 2-12④、⑤所示。管径与电压的关系可描述为：

$$d = 2f_{growth}U \tag{2-6}$$

式中，d 为纳米管直径；U 为阳极氧化电压；f_{growth} 为因子。

图 2-12　**纳米管直径与电压之间的关系示意图**[57]

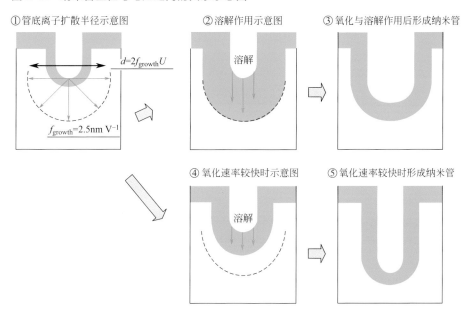

①管底离子扩散半径示意图　　②溶解作用示意图　　③氧化与溶解作用后形成纳米管

④氧化速率较快时示意图　　⑤氧化速率较快时形成纳米管

图 2-13 为电压优化管径的机理模型，虚线表示孔核扩散直径。如图 2-13（a）所示，若孔核过大，孔核底部阻挡层再次击穿，出现进一步的分化。如图 2-13（b）所示，若分布过密，每个孔核的扩散直径均大于孔核直径，则出现竞争氧化：先将基底 Ti 金属氧化的孔核分解出 H^+，孔核得以更迅速生长，并占据邻近孔核的生长空间；邻近孔核由于管底阻挡层被加厚而停止生

长。电压越高，扩散直径越大，最终形成的纳米管半径越大；而纳米管根据扩散直径的大小自组装优化排列，生长成致密型纳米管。

图 2-13　**电压优化管径机理模型**

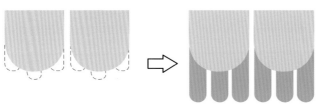

(a)扩散半径小于纳米管径生长机制

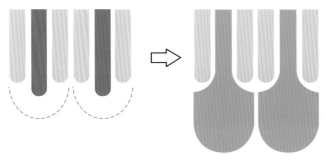

(b)扩散半径大于纳米管径生长机制

值得注意的是，Yasuda 的关系式提及的电压是采用三电极体系时相对于参比电极的电势（potential），而其实验在水基电解液中进行，溶液的电压降（IR drop）较小。所以这里所说的电压是指作用在管底氧化层上的电压。

① 一维阵列式纳米管/孔结构

图 2-14 为不同电压下制备的 TiO_2 纳米管阵列界面的管口 SEM 图，阳极氧化电解液为含 1%（质量分数，下同）HF 酸、10% 水的乙二醇溶液，反应时间为 12h。由图可明显看出，纳米管径随着电压的升高而增大，且均为致密型纳米管。

图 2-15 为该电压系列纳米管管径统计图。由图可见，纳米管底直径也相应由约 75nm 升至约 250nm；直径随电压变化趋势接近直线，符合公式(2-6)描述的规律；管外径由 20V 时约 70nm 升高至 120V 时约 200nm；管口外径在高电压时逐渐趋平，原因是纳米管口管外壁经受了较强的溶解作用，使纳米管间出现较大的间隙。

图 2-14　不同电压下制备的 TiO$_2$ 纳米管阵列界面的管口 SEM 图

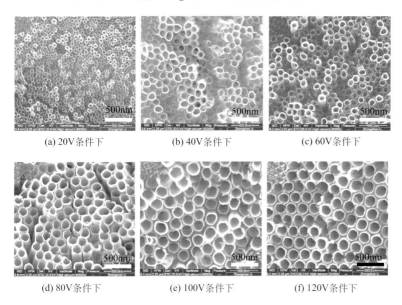

(a) 20V条件下　　　　(b) 40V条件下　　　　(c) 60V条件下

(d) 80V条件下　　　　(e) 100V条件下　　　　(f) 120V条件下

图 2-15　不同电压制备的 TiO$_2$ 纳米管管径变化曲线

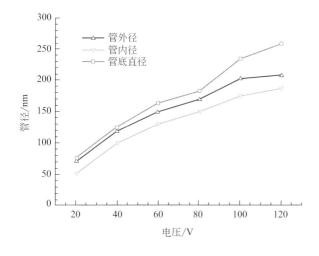

② 电解液水含量对纳米管径的影响

上一节已提到，管径的大小取决于作用于管底氧化层两端的电压，如

图 2-16 所示的 $\Delta U_{barrier}$。若直流稳压电源的电压 U 不变，而改变溶液电压降（$\Delta U_{solution}$）以及纳米管内的电压降（ΔU_{tube}），也可得到不同管径的纳米管。

图 2-16　阳极氧化电化学结构示意

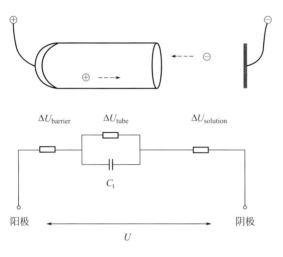

图 2-17 为水含量系列纳米管口 SEM 图。制备电压均为 80V，阳极氧化电解液为含 1％ HF 酸、不同水含量的乙二醇溶液，反应时间为 12h。由图可明显看出，纳米管径随着水含量的升高而增大，且均为致密型纳米管。

由于乙二醇的电导率较低，以其作为电解液的溶剂时，电导率受电解质浓度的影响较大。在含 1％ HF 酸的乙二醇溶液中，通过控制加入的水含量，可以得到具有不同电导率的电解液。以该系列电解液进行阳极氧化时，即使电压 U 恒定，由于溶液电导率不同，可形成不同的电压降 $\Delta U_{solution}$，可营造不同的管底氧化层两端的电压降（$\Delta U_{barrier}$），图 2-17 证明了这种机制。

图 2-18 为该水含量系列纳米管管径的统计图。由图可见，纳米管底直径随着水含量的升高而增大，其上升的直线型较好。但在 12.5％ 和 15.0％ 水时，直径有趋于平缓的趋势，说明当水含量升至一定高度后，水含量变化对于电解液电导率的影响减小。由于高水含量电解液的溶解效应更强，反而会使管口纳米管受到较强的溶解作用，管口管径在高水含量时趋于平衡的趋势更明显。

图 2-17　不同水含量电解液制备的 TiO₂ 纳米管口 SEM 图

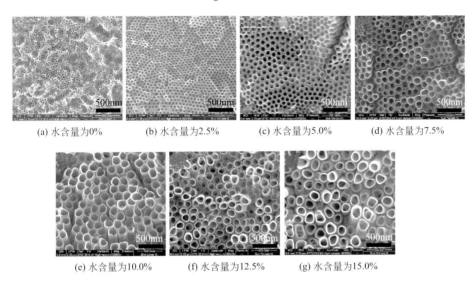

(a) 水含量为0%　　(b) 水含量为2.5%　　(c) 水含量为5.0%　　(d) 水含量为7.5%

(e) 水含量为10.0%　　(f) 水含量为12.5%　　(g) 水含量为15.0%

图 2-18　不同水含量电解液制备的 TiO₂ 纳米管管径变化曲线

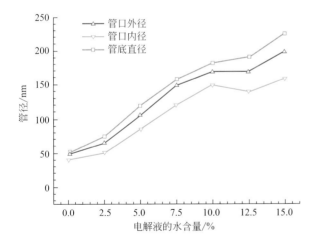

（2）管长控制

　　纳米管的生长过程中，首先 Ti 金属被氧化成 TiO₂，随机击穿形成孔核；接着于孔核的孔底出现溶解与氧化纵深生长，形成纳米管。若管口的纳米管能够一直保持，并假设 Ti 氧化成 TiO_2 失去 4 个 e^-，则理论上可获得形成的纳米管的长度[58]：

$$L = \frac{QM_{TiO_2}}{\rho_{TiO_2} \times 4F} \tag{2-7}$$

式中，L 表示纳米管长，或纳米管阵列薄膜厚度；M_{TiO_2} 表示 TiO_2 的摩尔质量，为 79.88g/mol；ρ_{TiO_2} 表示 TiO_2 的密度，为 3.89g/cm³；Q 表示阳极氧化制备过程的总电量，即电流在制备时间上的积分；F 为法拉第常数，取 96500C/mol。

然而，纳米管在溶解效应较强的电解液中生长，纳米管的管口与本体电解液接触，会遭受其溶解腐蚀作用而消失，特别是进行长时间的阳极氧化反应制备，管口纳米管被电解液溶解掉的程度更大。

对于一般的金属氧化为金属氧化物的过程，生成氧化物的体积与金属的体积之间存在 Pilling-Bedworth 比例关系。然而，对于阳极氧化过程，当氧化速率过快时，生成的纳米管之间将产生应力，而应力作用会使氧化物沿管壁向上运动，进而提升纳米管的厚度。该提升的幅度可能超过 Pilling-Bedworth 比例关系[58]，从而使式（2-7）需增加一个比例因子才能准确描述。

综上所述，阳极氧化最终管长可表示为：

$$L_{eff} = f_{stress}L - S_{dis} \tag{2-8}$$

式中，L_{eff} 为最终生成的纳米管长度；L 为根据总电量计算得到的纳米管长度，可由式（2-7）计算；S_{dis} 为被电解液溶解掉的纳米管长度；f_{stress} 是一个比例因子，是由于存在体积膨胀应力而使 TiO_2 纳米管长增加的比例。由式（2-7）和式（2-8）可知，随着反应时间的增长，累计的总电量增大，纳米管将增长。而纳米管长增加后，纳米管的生长速率会下降，当生长速率等于管口溶解速率时，管长不再增加。

① 阳极氧化电压的影响

图 2-19 为不同电压下制备的 TiO_2 纳米管阵列薄膜侧面 SEM 图，阳极氧化电解液为含 1% HF 酸、10%水的乙二醇溶液，反应时间为 12h。其中图 2-19(b) 和 (c) 可见到薄膜的生长 Ti 基底。图 2-20 为阳极氧化过程中不同电压下电流密度-时间曲线。由该图可见电流密度随电压的升高而增大；而电流密度随制备时间增长而逐渐减小。

图 2-21 为图 2-19 和图 2-20 的统计图，其中实线为纳米管长随电压变化曲线，虚线为 12h 的电流密度积分后的总电量随电压变化曲线。由图可见，随着电压的升高，总的电量线性升高，由式（2-7）可知总的纳米管长 L 增加。

图 2-19　不同电压下制备的 TiO₂ 纳米管阵列薄膜侧面 SEM 图

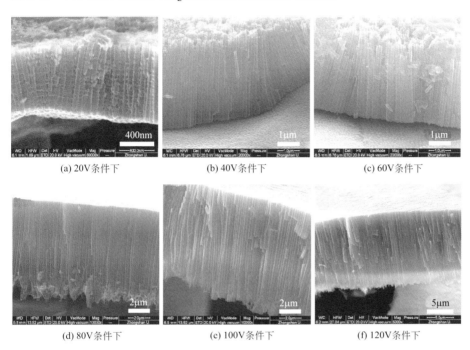

(a) 20V条件下　　(b) 40V条件下　　(c) 60V条件下

(d) 80V条件下　　(e) 100V条件下　　(f) 120V条件下

图 2-20　不同电压下阳极氧化过程电流密度-时间曲线

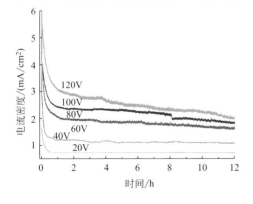

实验结果（实线）也展示出良好的线性关系，符合式（2-8）的推测。由于是在同一种电解液中制备，不同电压下总的溶解效应变化不大；电压升高后电流增大，产生更多的 H^+，使管壁的溶解会略微增强，但仅产生削薄管壁的

作用，而不是彻底溶掉。

图 2-21　阳极氧化 12h 的电流积分值和纳米管长随电压变化情况

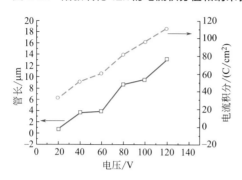

② 电解液水含量的影响

图 2-22 为不同水含量下制备的 TiO_2 纳米管侧面 SEM 图。制备电压均为 80V，阳极氧化电解液为含 1% HF 酸、不同水含量的乙二醇溶液，反应时间为 12h。前面已讨论过，水含量升高，相当于电压增大，从管径变化可看出来；但增至一定程度后，水含量的增加，电压的增加量开始不明显。

图 2-22　不同水含量下制备的 TiO_2 纳米管侧面 SEM 图

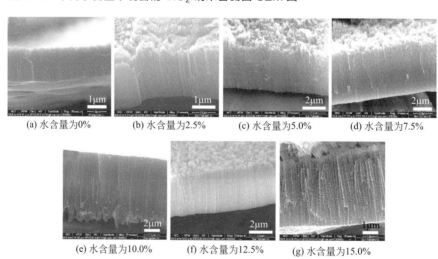

(a) 水含量为0%　(b) 水含量为2.5%　(c) 水含量为5.0%　(d) 水含量为7.5%

(e) 水含量为10.0%　(f) 水含量为12.5%　(g) 水含量为15.0%

对于溶解效应而言，水含量的增加会增加溶液的溶解效应。由于制备的纳米管长正比于电压而反比于溶解效应，所以，水含量对于管长的影响较为复杂。

图 2-23 为不同电解液水含量情况下的电流密度-时间曲线，由图可见，在含 1% HF 酸、不同水含量的乙二醇溶液中，当水含量从 0% 升至 10.0% 时，电流密度曲线升高变化明显，而在 10.0%～15.0% 之间时，电流密度曲线交叠在一起。

图 2-23　不同电解液水含量下阳极氧化过程电流密度-时间曲线

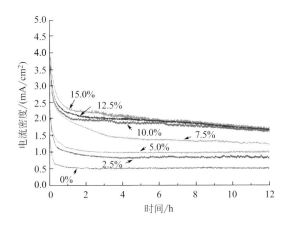

图 2-24 为图 2-22 和图 2-23 的统计图，其中实线为纳米管长随水含量变化曲线，虚线为 12h 的电流密度积分后的总电量随水含量变化曲线。由该图可见，总电量升至 10.0% 后，升幅放缓，这与图 2-23 的结果相对应。其也反映了总的纳米管长随水含量的升高而增加的变化趋势，到 10.0% 后增幅放缓。

由图 2-24 实线（纳米管长变化情况）可见，到 10.0% 水后，纳米管长开始下降，说明电解液的溶解效应在水含量达 10.0% 后仍随其增加而增强。由于纳米管生长放缓，使得最终的纳米管长开始减小。

（3）纳米管阵列表面形貌控制——电解液溶解效应的影响

电解液对于 TiO₂ 纳米管阵列具有一定的溶解作用，对于接近纳米管口的区域的溶解作用，可使纳米管表面呈现不同的形貌。掌握该溶解效应，可得到具有不同表面形貌的 TiO₂ 纳米管阵列。

图 2-24　阳极氧化 12h 的电流积分值和纳米管长随电解液水含量变化情况

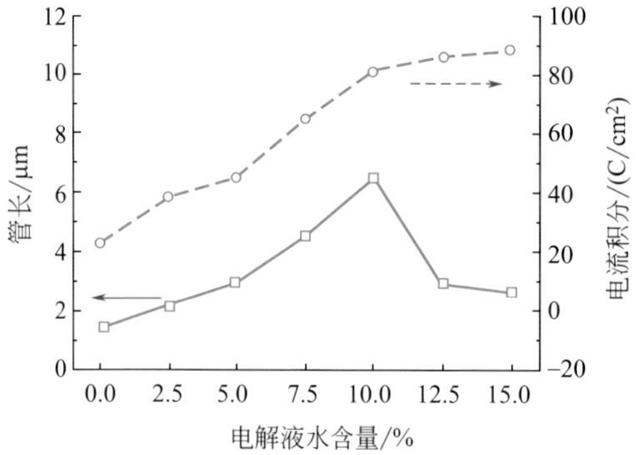

① 反应温度的影响

由于纳米管的溶解，属于 TiO_2 与 HF 之间的化学反应。反应温度对其有较大的影响，通过改变反应温度，可以控制溶解效应，并得到特殊形貌的表面。图 2-25 为不同温度下所制备纳米管的表面形貌，其中左图为低倍图，右图为高倍图。阳极氧化电压均为 80V，阳极氧化电解液为含 1.0% HF 酸、5.0%水含量的乙二醇溶液，反应时间为 12h。

如图 2-25(a)、(b) 所示，在 5℃低温下，该电解液在纳米管口和纳米管底的溶解程度均较弱，纳米管的生长也较缓慢，使纳米管最初的随机击穿多孔层得到保留，可得到孔阵列表面结构纳米管阵列；而当反应温度升至 25℃时，电解液与 TiO_2 之间的溶解反应较强，12h 的反应将最初的多孔层溶解掉，最终得到纳米管阵列表面。

② 电解液 HF 酸含量的影响

由于 HF 是电解液溶解反应的反应物，所以，通过调节电解液中的 HF 含量，可控制电解液的溶解能力，进而控制 TiO_2 纳米管阵列的表面形貌。

图 2-26 为 HF 酸含量系列纳米管阵列的表面形貌 SEM 图。其中阳极氧化电压均为 80V，阳极氧化电解液为不同 HF 酸含量、3%水含量的乙二醇溶液，反应时间为 5h，反应温度为 5℃。由图可见，当 HF 含量较低时 [图 2-26(a)、(b)]，纳米管阵列表面为多孔表面。而升高 HF 含量后，表面 TiO_2 受到更强烈的溶解作用，开始出现局部多孔膜被溶解的结果 [图 2-26(c)]；当进一步升高 HF 含量，发生更强的溶解作用，这时纳米管表面开始出现丝状 TiO_2，这些是未被彻底溶解的纳米管残留下来的管壁，管壁在电解液表面张

图 2-25　不同反应温度下制备的纳米管阵列界面表面形貌 SEM 图

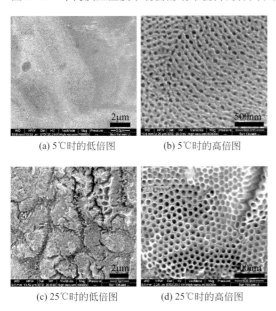

(a) 5℃时的低倍图　　　　(b) 5℃时的高倍图

(c) 25℃时的低倍图　　　　(d) 25℃时的高倍图

图 2-26　不同电解液 HF 酸含量制备的纳米管阵列界面表面形貌 SEM 图

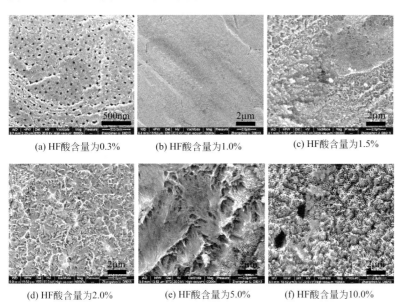

(a) HF酸含量为0.3%　　(b) HF酸含量为1.0%　　(c) HF酸含量为1.5%

(d) HF酸含量为2.0%　　(e) HF酸含量为5.0%　　(f) HF酸含量为10.0%

力的作用下相互搭在一起［图 2-26(d)、(e)］；而当 HF 含量升至 10.0％时，由于电解液溶解能力很强，表面的纳米管被较彻底地溶解消失，得到较干净的 TiO$_2$ 纳米管阵列表面。

2.1.4　稀疏型 TiO$_2$ 纳米管阵列界面制备

通过阳极氧化制备稀疏型 TiO$_2$ 纳米管阵列方法较少，对稀疏程度的控制策略仍十分缺乏。传统的阳极氧化 TiO$_2$ 纳米管阵列均为致密型纳米管束结构，Yoriya 等[48] 以二甘醇（diethyleneglycol，DEG）作为有机溶剂的电解液制备了纳米管相互分离的 TiO$_2$ 纳米管阵列，但该方法对于纳米管稀疏程度的控制仍较弱。Shankar 等[59] 同样使用 DEG 作有机溶剂的电解液进行阳极氧化，发现通过延长时间可以使部分纳米管被溶解掉，但由于溶解不均匀，大片致密纳米管区仍夹杂其间。

一般阳极氧化法制备稀疏纳米管阵列的生长途径有 3 种：

① 一次形成。即一次性生长具有特定稀疏程度的纳米管阵列，如 Yoriya 制备的分离型纳米管阵列[48]，其缺点在于需寻找合适的电解液及电化学条件，而且对稀疏程度的控制幅度及灵活度较差。

② 先密后疏。即先生长致密型纳米管，再溶解掉部分纳米管，形成稀疏型纳米管阵列，如 Shankar 等通过延长制备时间溶解掉部分区域的方式[59]，其缺点在于溶解不均匀，会残存大片致密型纳米管。

③ 先疏后密。即先生长稀疏均匀分布的纳米管，然后逐渐长密。本节介绍的方法即是这种策略。该策略的好处在于纳米管的分布较均匀，且可通过制备时间对稀疏程度进行较好的控制。

（1）稀疏纳米管

图 2-27 为典型稀疏纳米管阵列的 SEM 图。阳极氧化电压为 80V，阳极氧化电解液为含 3.5％ HF 酸、17.5％水含量的乙二醇溶液，反应时间为 12h，反应温度为 25℃。

图 2-27(a) 为低倍正面图，可见纳米管大面积均匀分布。图 2-27(b) 为高倍正面图，可发现纳米管为由上至下的分叉结构，而纳米管周围区域为未长成的"孔核"。图 2-27(c) 为纳米管阵列被揭下后的管底界面图，由图可见纳米管底不平整；但不管凸起或凹陷区域均有圆形纳米管底，它们是纳米管或者"孔核"。图 2-27(d) 为纳米管的侧面图，由图可见，生长了纳米管的背面向下凹陷。

图 2-27　**典型的稀疏纳米管 SEM 图**

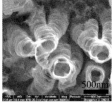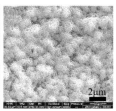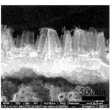

(a) 纳米管界面低倍图　　(b) 纳米管界面高倍图　　(c) 纳米管界面底面图　　(d) 纳米管界面侧面图

（2）纳米管的稀疏变化过程

　　图 2-28 为不同阳极氧化时间下，得到的 TiO₂ 纳米管阵列界面 SEM 图。

图 2-28　**不同阳极氧化时间下 TiO₂ 纳米管 SEM 图**

(a) 反应时间为4h时纳米管正面图和侧面图　　(b) 反应时间为8h时纳米管正面图和侧面图

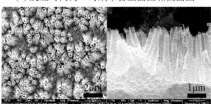

(c) 反应时间为12h时纳米管正面图和侧面图　　(d) 反应时间为14h时纳米管正面图和侧面图

(e) 反应时间为24h时纳米管正面图和侧面图

阳极氧化电压为 80V，阳极氧化电解液为含 3.5％HF 酸、17.5％水含量的乙二醇溶液，反应时间为 12h，反应温度为 25℃。由图可见，随着阳极氧化时间的增长，先生成稀疏分布的纳米管，接着纳米管逐渐变密，最后形成致密型纳米管阵列。

图 2-29 为稀疏纳米管阳极氧化形成过程示意图。图中，（a）开始阶段得到一层疏松的氧化层，它们是被腐蚀得较严重的"孔核"层；（b）接着其中一部分"孔核"形成了纳米管，而且，纳米管底开始分裂出下一层纳米管；（c）纳米管继续向下一层分裂纳米管，而最原始的上层纳米管会被溶解掉，纳米管一层层分裂最终形成纳米管簇；（d）周围的"孔核"区域也开始形成纳米管，开始分裂生长；（e）最终整个表面均布满纳米管，它们通过自组装优化排列，形成致密型纳米管阵列。

图 2-29　稀疏纳米管阳极氧化形成过程示意图

（a）为疏松氧化层阶段；

（b）～（d）为不同稀疏程度的稀疏型纳米管阶段；

（e）为致密型纳米管阶段

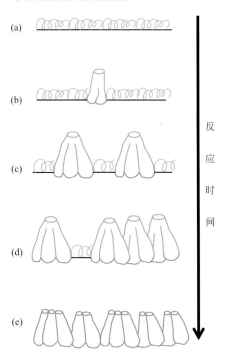

（3）电解液水含量与稀疏纳米管的形成

图 2-30 为不同水含量电解液中制备的 TiO₂ 纳米管阵列界面的正面图和侧面图。阳极氧化电压为 80V，阳极氧化电解液为含 4.0％ HF 酸、不同水含量的乙二醇溶液，反应时间为 12h，反应温度为 25℃。

图 2-30　**不同电解液水含量纳米管 SEM 图**

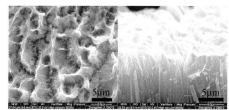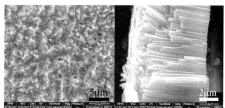
(a) 水含量为5.0%时的正面图和侧面图　(b) 水含量为10.0%时的正面图和侧面图

(c) 水含量为15.0%时的正面图和侧面图　(d) 水含量为17.5%时的正面图和侧面图

(e) 水含量为18.0%时的正面图和侧面图

由图 2-30(a) 可见，在水含量为 5.0％时，电解液的溶解能力较弱，纳米管未彻底溶解而形成丝状氧化物，并相互交叠形成微米级沟槽。图 2-30(b) 和 (c) 样品的电解液水含量升高，纳米管表面溶解较为彻底，得到致密型纳米管阵列。(d) 水含量升至 17.5％时，可得到稀疏分布的纳米管阵列。当水含量进一步升高至 18.0％时 ［图 2-30(e)］，表面仅能得到非常稀少的纳米管。当进一步提高水含量时，仅能得到疏松的氧化层。稀疏纳米管的水含量系列实验表明：水含量升高，电解液的溶解能力增强；但电解液的溶解能力应该控制在合适的范围内。

（4）电解液 HF 酸含量与稀疏纳米管的形成

图 2-31 为不同 HF 含量电解液中制备的 TiO_2 纳米管阵列界面的正面 SEM 图。阳极氧化电压为 80V，阳极氧化电解液为含不同 HF 酸含量、17.5%水的乙二醇溶液，反应时间为 12h，反应温度为 25℃。

图 2-31　不同电解液 HF 含量纳米管正面 SEM 图

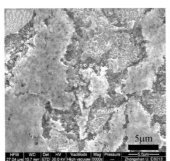

(a) HF含量为0.5%时的正面SEM图

(b) HF含量为2.0%时的正面SEM图

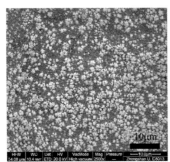

(c) HF含量为3.5%时的正面SEM图

(d) HF含量为4.0%时的正面SEM图

由图 2-31 可见，当 HF 含量为 0.5%时，所得纳米管阵列的初始氧化层还没被彻底溶解掉。当 HF 含量为 2.0%时，阳极氧化得到致密型 TiO_2 纳米管阵列。当 HF 含量为 3.5%时，可得到稀疏纳米管。当 HF 含量升至 4.0%时，可得到更为稀疏的纳米管。通过 HF 系列实验结果可确认，电解液溶解效应的控制是制备稀疏纳米管的关键。

2.1.5　TiO₂ 纳米沟槽岛阵列界面

（1）纳米沟槽岛阵列

　　如图 2-11 所示，阳极氧化制备的 TiO₂ 纳米管阵列正面为开口管，将 TiO₂ 纳米管阵列薄膜揭下后，其背面为纳米管的半球状闭合端，此界面可视为 TiO₂ 纳米岛阵列。然而，如图 2-32 所示，采用高 HF 电解液制备的纳米管，可于其球状闭合端表面生成大量纳米级沟槽，此薄膜背面可视为 TiO₂ 纳米沟槽岛阵列界面。该样品的阳极氧化电压为 80V，电解液为含 6.0% HF 酸，3.0% 水的乙二醇溶液，反应时间为 5h，阳极氧化温度为 5℃。

图 2-32　典型的纳米沟槽岛阵列界面 SEM 图

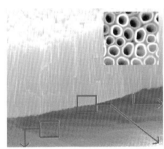

(a) 典型的致密型TiO₂纳米管阵列

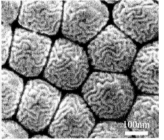

(b) 纳米沟槽岛阵列

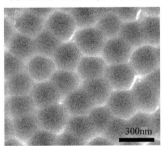

(c) 纳米管生长的Ti基底

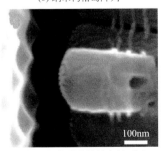

(d) 带沟槽的纳米管管底侧面图

　　由图 2-32(b) 可见，在每根纳米管的管底都分布着间隔排列、呈扭曲状的纳米级沟槽。图 2-32(c) 为纳米沟槽的纳米管生长基底；金属基底上分布着纳米管的"脚印"；但"脚印"内显得较为光滑，并没有扭曲的凸起痕迹，这说明纳米管在揭下来之前，纳米管管底与金属基底脚印之间存在间隔排列、呈扭曲状的纳米级隧道。该纳米隧道的产生可能跟氧化物/金属界面存在的 Ti^{4+} 迁移流失有关[60]。

从图 2-32(d) 侧面图可清晰地看到纳米管底凹陷的沟槽，并且在接近管底的管外壁上也存在纳米沟槽。但是，从纳米管管壁的断面处并未发现纳米空洞，说明在阳极氧化过程中，氧化物/金属界面上的纳米隧道并没有停留在该位置，当纳米管向金属深处生长后，该处的纳米隧道被氧化物填满，而新的氧化物/金属界面上产生了新的纳米隧道。

这种纳米隧道被氧化物填充的机制可能与阳极氧化过程中氧化物/金属界面存在的应力有关[34,61]。在该界面处，金属转变为氧化物，电场作用下正负离子的迁移均可在管底氧化层内产生应力，该应力可推动氧化物塑性横向移动，使纳米隧道被氧化物所填充。

（2）纳米沟槽岛形貌控制

图 2-33 研究了不同阳极氧化电压和不同电解液 HF 含量对于纳米沟槽岛形成的影响。图 2-34 为不同阳极氧化电压和不同 HF 含量情况下阳极氧化过程电流密度-时间曲线。图 2-35 为原子力显微镜表征纳米沟槽岛阵列的三维图像、剖面分析以及对电压系列和 HF 系列结果的剖面分析结果统计曲线。

图 2-33　不同阳极氧化电压和 HF 含量下制备的纳米沟槽岛阵列 SEM 图

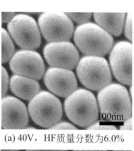
(a) 40V，HF质量分数为6.0%

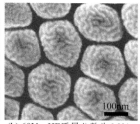
(b) 60V，HF质量分数为6.0%

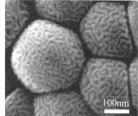
(c) 100V，HF质量分数为6.0%

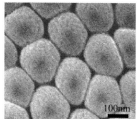
(d) HF质量分数为3.0%，80V

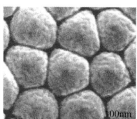
(e) HF质量分数为5.0%，80V

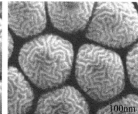
(f) HF质量分数为10.0%，80V

图 2-34　**阳极氧化过程电流密度 - 时间曲线**

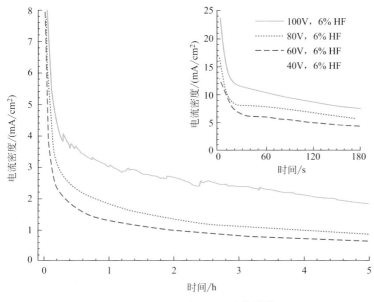

(a) 不同电压时电流密度-时间曲线

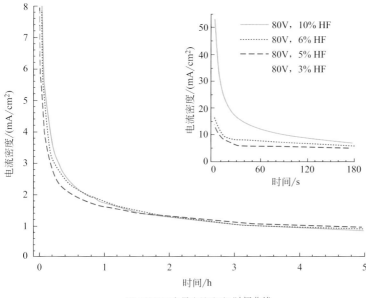

(b) 不同HF含量电流密度-时间曲线

氟致超亲水原理及应用

图 2-35　原子力显微镜表征结果

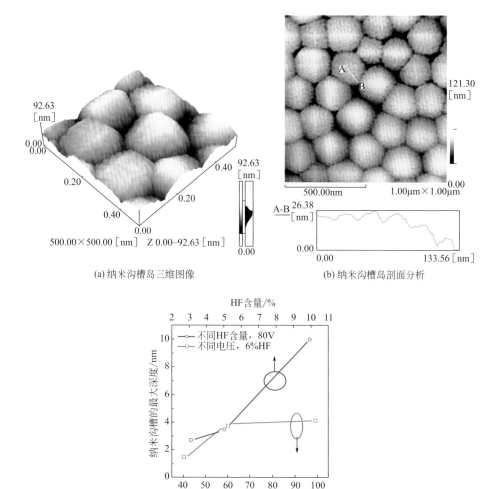

(a) 纳米沟槽岛三维图像

(b) 纳米沟槽岛剖面分析

(c) 不同电压与不同HF含量纳米管底剖面分析结果统计曲线

　　阳极氧化电压对纳米沟槽的形成有重要的影响。该电压系列样品的制备条件为：阳极氧化电解液为含 6.0% HF 酸，3.0%水的乙二醇溶液，反应时间为5h，阳极氧化温度为 5℃。电流密度-时间曲线显示，电压越高，电流密度越高。如图 2-33(a)~(c) 所示，当阳极氧化电压为 40V 时，SEM 图片显示纳米管底没有纳米沟槽，而图 2-35(c) 的原子力显微镜剖面表征其有小于 2nm 的纳米沟槽；当电压升至 60V 以上时，SEM 图片表明纳米管管底开始出现纳米沟槽；电压为 100V 时，可见纳米沟槽密布于纳米管管底，原子力显微镜测得沟槽深度约为 4nm。由此可见，阳极氧化电压较高时，有利于纳米沟槽岛的形成。

　　HF 酸含量对纳米沟槽的形成也有重要的影响。该 HF 系列样品的制备条件为：阳极氧化电压为 80V，电解液为含不同浓度 HF 酸，3.0% 水的乙二醇溶液，反应时间为 5h，阳极氧化温度为 5℃。图 2-34 显示，5h 时，不同 HF 含量样品的电流密度相等。如图 2-33(d)～(f) 所示，当 HF 含量为 3.0% 以下时，纳米管底有少量纳米沟槽，原子力显微镜测试其深度约为 2nm；当 HF 含量升至 5.0% 时，纳米沟槽较为明显，但仅覆盖纳米管底边缘区域；当 HF 含量达 10.0% 时，纳米沟槽密布于管底，且深度可达 10nm。由此表明，电解液 HF 含量升高可有效促进纳米沟槽岛的形成。

2.1.6　氧化物/金属界面离子迁移机制

　　在阳极氧化制备 TiO₂ 纳米管的过程中，在电场的驱动下，纳米管底氧化层内不断发生各种正、负离子的迁移运动；这些迁移运动支持着纳米管继续向纵深生长，同时也伴随着其他物理或化学作用，影响纳米管的生长。首先，负离子（包括 O^{2-}、F^- 等）由电解液/氧化物界面迁移至氧化物/金属界面。其中，纳米管的纵深生长，需要 O^{2-} 迁移至氧化物/金属界面（如图 2-36 实线所示），生成 TiO₂。其次，Ti^{4+} 在电场的驱动下也会在氧化层内进行迁移运动，由于 Ti^{4+} 的离子半径较大，其迁移依赖于 Ti 空缺运动（vacancy migration），速率较慢。

　　由于 HF 腐蚀 TiO₂ 时，容易在靠近电解液/氧化层界面的氧化物留下大量的 Ti 空缺。当使用高 HF 含量电解液时，Ti 空缺的浓度会上升。若提高阳极氧化电压，氧化层内电场强度较高时，Ti 空缺会帮助 Ti^{4+} 向外迁移，如图 2-36 虚线所示。

图 2-36　纳米管底氧化层离子迁移与纳米沟槽的形成分析图

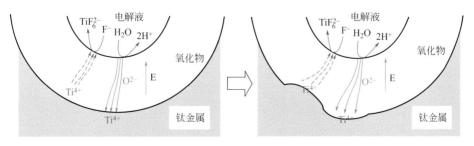

上一节中提到，高 HF 含量电解液高电压制备 TiO_2 纳米管，在纳米管氧化层/金属界面存在纳米级隧道。该纳米级隧道现象可作为证据，证明 Ti^{4+} 向外迁移的存在，并说明该电化学条件下可促进阳离子迁移流失。

关于"纳米隧道"产生的可能机制，在阳极氧化过程中，纳米管底氧化层/金属界面有三种可能的机制可导致纳米隧道的产生：①电解液中 HF 的溶解；②Ti 金属氧化为 TiO_2 时体积膨胀产生的应力；③Ti^{4+} 向外迁移流失。其详细机制的可能性分析如下：

① 电解液可能会渗至纳米管底，但对氧化层/金属界面产生溶解形成隧道的可能性较低。反证讨论：首先，若存在溶解反应，由于本体电解液与管底电解液之间离子的交换效率低，且产物 TiF_6^{2-} 不易扩散出去，会降低 HF 的内迁移效率，所以 HF 将很快消耗尽，溶解反应停止；其次，假设溶解效应足够高，溶解会倾向于溶解管边缘区域的 TiO_2，而不会形成间隔密布于管底的纳米隧道，所以该假设同样不成立。

② Ti 金属氧化为 TiO_2 时体积膨胀产生应力的现象已被实验证明。但管底氧化层内的应力存在膨胀倾向，此类应力，不可能使氧化物与金属之间产生隧道。

③ Al^{3+} 向外迁移的机制已被 Macdonald[60] 论述过，但一直缺少有力的实验证据。而 Ti^{4+} 向外迁移流失的证据更少。当采用高电压在高 HF 含量电解液中阳极氧化时，可造成 Ti 空缺的形成，并促进 Ti^{4+} 的外迁移，当迁移剧烈时，就可能产生上节论述的"纳米隧道"现象，如图 2-36(b) 所示。

阳极氧化过程中氧化物/金属界面离子迁移是 TiO_2 纳米管生长的重要环节，对于氧化物/金属界面离子迁移机制的理解与控制，有利于进一步提高阳极氧化技术的控制能力，对提升 TiO_2 纳米管尺寸参数的控制以及进行新型纳米材料的开发具有一定的意义。

2.2
TiO_2 纳米管阵列界面的浸润性

界面浸润性在日常生活及工农医领域具有重要的应用[1,2,62]。固体材料表面的浸润调控及内在机理一直是界面物理化学家关心的热点问题[63]。固体表面的浸润性受两个重要因素影响：界面材料的化学性质和拓扑结构。单纯改变界面材料的化学性质，对于该表面的浸润调控比较有限（迄今光滑表面材料最高接触角仅约 $115°$[64]）；而固体表面的结构化处理可有效拓展浸润调控的范围，是超疏水界面制造的重要思路之一。

　　TiO$_2$ 作为一种重要的多功能无机氧化物，在环境、能源、生物医学、精细化工等领域均有广泛的应用[4]。TiO$_2$ 的界面浸润性质对于各种应用性能的影响也受到了足够的重视。TiO$_2$ 拥有特殊的能带结构，借助 UV 光子诱导 TiO$_2$ 表面电荷转移可形成高能缺陷，进而超亲水化其固体界面；而经黑暗中贮存后该表面可自动疏水化[65,66]。该性质曾受到广泛关注，并进行了功能利用的研究。TiO$_2$ 表面微纳米结构化后可表现出超疏水性质（接触角大于 150°），利用该性质可开发出超疏水-超亲水重复转换的智能光敏表面[67]。真正意义的超疏水材料应同时达到或超过 150° 的接触角和小于 5° 的滚动角[68]。目前文献报道的各种未经表面修饰过的 TiO$_2$ 表面，均未能实现滚动超疏水，这限制了该表面在一些领域的应用效能。

　　电化学阳极氧化法制备 TiO$_2$ 纳米管阵列界面研究及其功能利用已得到广泛的发展[24,32,33]。对于未经修饰的 TiO$_2$ 纳米管阵列界面浸润性，文献报道的结果均是超亲水，未有疏水化的报道[10,11]。本节介绍 TiO$_2$ 表面疏水化性质，重点介绍微米级、纳米级及两者结合的结构化 TiO$_2$ 纳米管阵列表面疏水化特性，提出碳吸附疏水化机理；利用疏水化性质并结合材料表面结构化，制备未经化学修饰的滚动超疏水 TiO$_2$ 纳米管阵列表面；进行 UV 光控亲疏水转换功能研究。由于界面浸润影响广泛，这些结果对于 TiO$_2$ 纳米管阵列在各领域的有效应用具有一定的意义；而超疏水及光控亲水化性质可在智能亲疏水开关材料领域得到进一步的应用。

　　制备 TiO$_2$ 纳米管阵列的样品为工业纯、厚度为 0.3mm 的 Ti 金属片。采用绒布对 Ti 金属片进行抛光处理，并相继在纯水、丙酮、去离子水中超声清洗，取出后于室温环境下晾干。将预处理后的 Ti 片按图 2-10 所示进行连接：Ti 金属作为阳极，铅板作为阴极，电极间距为 1cm。

　　图 2-37 为自制接触角测试装置示意图，包括：摄像头、照明光源、水平调节台、水平测试仪、微量滴液器、图像采集与分析软件（凤凰光学 PHMIAS2008 Cs Ver2.3 Demo）、接触角分析软件（ImageJ 1.41o）。

　　样品贮存于棕色干燥器内，借助真空硅脂进行密封处理；并将干燥器置于可遮挡光线的暗箱内。采用美国 Spectronics（SP）公司 Maxima ML-3500C 型紫外灯进行照射实验，紫外光波长为 365nm，光强为 90mW/cm^2。

　　为获得 TiO$_2$ 纳米岛/纳米沟槽岛阵列界面，需了解完整剥离 TiO$_2$ 纳米管薄膜的策略，相关剥离方法如图 2-38 所示。新制备的样品晾干后随即剥离，且薄膜厚度达 6μm 以上，容易实现完整剥离，剥离结果如图 2-39（a）所示。

图 2-37　自制接触角测试装置示意图

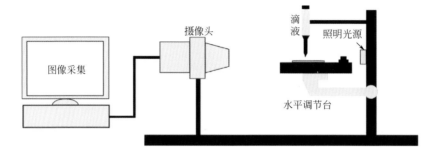

图 2-38　纳米岛阵列界面制片方法示意图

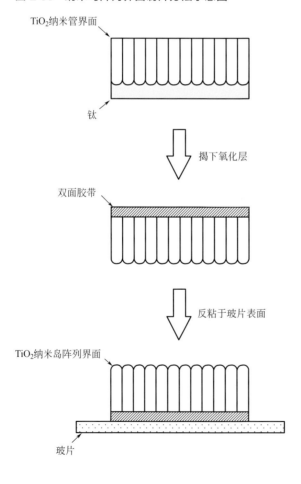

图 2-39　**氧化膜剥离实验结果**

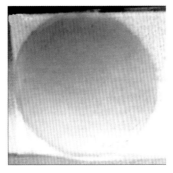
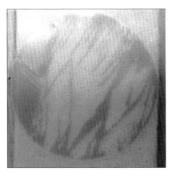

(a) 刚晾干后即剥离结果　　　　　　　　(b) 贮存3天后剥离结果

2.2.1　TiO₂ 纳米管阵列界面疏水特性

（1）不同粗糙度纳米管界面的疏水特性

新制 TiO₂ 纳米管阵列界面具有超亲水性质，然而将样品进行黑暗干燥贮存，样品呈现逐渐疏水化的现象，疏水化的速率受样品表面形貌所影响。

图 2-40 为两种不同形貌 TiO₂ 纳米管阵列界面接触角随存放时间变化统计图，（a）样品表面存在大量深度约为 $6\mu m$ 的微米级沟槽；由 SEM 图可见，样品表面凸起氧化物为长条状且顶端宽度约为 $1\mu m$，其由未彻底溶解的带状氧化物交叠搭成；（b）样品表面分布的微米级沟槽深度较浅，仅约 $2\mu m$，其凸起氧化物基本是锥状且锥顶约为 $1\mu m$，但带状氧化物较少。由接触角统计结果可知，（a）样品贮存 3 个月时亲水性仍很强，接触角小于 $20°$，8 个月后达到疏水状态，接触角接近 $140°$；（b）样品贮存 3 个月后接触角即达 $140°$，8 个月后达超疏水 $150°$。可见（b）样品疏水速率比（a）样品快。

图 2-41 为致密型均匀 TiO₂ 纳米管阵列界面疏水化变化情况及 SEM 图，图 2-42 为稀疏型纳米管阵列界面疏水化变化情况及 SEM 图，它们在贮存 20 天后接触角即接近 $140°$。说明其疏水速率比图 2-40 所示的带沟槽样品快。比较图 2-41 和图 2-42 的接触角统计图，发现均匀纳米管和稀疏纳米管在贮存 3 个月以后均可达到超疏水状态，且接触角较为接近。

图 2-40 表面含微米级沟槽的 TiO₂ 纳米管阵列界面疏水化情况及 SEM 图

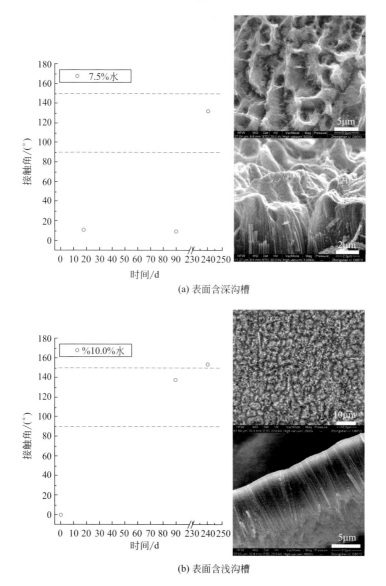

(a) 表面含深沟槽

(b) 表面含浅沟槽

图 2-41 和图 2-42 所示只是接触角的结果，均匀纳米管和稀疏纳米管的接触角迟滞性能差别较大。其中稀疏纳米管 17.0%水样品在贮存 3 个月后，水滴即可在其倾斜表面滚动；而均匀纳米管需要贮存约 8 个月才能实现。在

图 2-41　致密型均匀分布纳米管阵列界面疏水化变化情况及 SEM 图

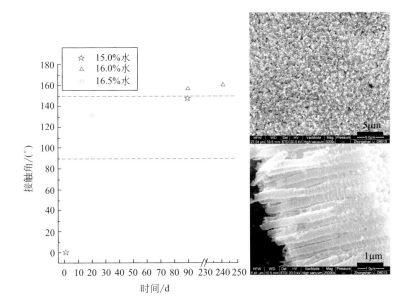

图 2-42　稀疏型均匀分布纳米管阵列界面疏水化变化情况及 SEM 图

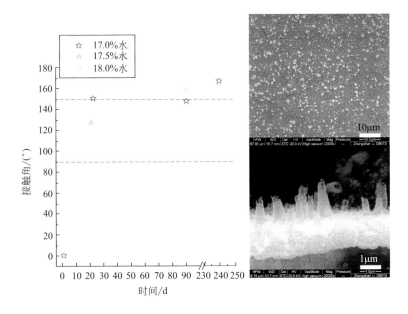

液滴拉伸试验过程中，通过比较液滴被拉伸过程中即将脱离前的形变程度，可定性判断液滴与界面之间的黏结应力，该应力的大小与迟滞程度成正比：形变大，黏结应力大，迟滞程度高；形变小，黏结应力小，迟滞程度低。图2-43为稀疏纳米管阵列界面与均匀纳米管阵列界面液滴的拉伸程度图，其记录界面上液滴被拉伸过程中即将脱离前的状态，其中箭头为拉伸方向。由图2-43可见，稀疏纳米管阵列界面的液滴形变较小，故其液滴在其界面的迟滞程度比均匀纳米管低。

图 2-43　纳米管阵列界面液滴拉伸程度图

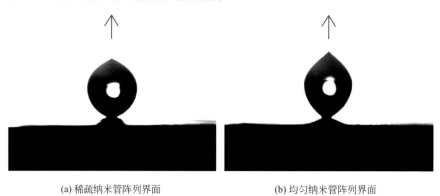

(a) 稀疏纳米管阵列界面　　　　　　　　　　(b) 均匀纳米管阵列界面

（2）不同管径纳米管界面疏水特性

图2-44为3个不同管径TiO_2纳米管阵列样品SEM图。（a）样品平均管径约26nm；制备条件为：电压为10V，电解液为含0.6% NH_4F、15.0%水的乙二醇溶液，反应温度为25℃，反应时间为12h。（b）样品平均管径约64nm；制备条件为：电压为20V，电解液为含0.6% NH_4F、15.0%水的乙二醇溶液，反应温度为25℃，反应时间为10h。（c）样品平均管径约为127nm；制备条件为：电压为60V，电解液为含1.0% HF酸、15.0%水的乙二醇溶液，反应温度为25℃，反应时间为4h。

图2-45为图2-44的3个不同管径TiO_2纳米管阵列样品表面接触角随贮存时间变化统计图，样品接触角随着贮存时间的增长而增加；前30天127nm样品疏水化相对较快，而后20天26nm样品疏水化相对较快；总体而言，三个样品的变化趋势较为接近。

图 2-44　不同管径纳米管阵列界面 SEM 图

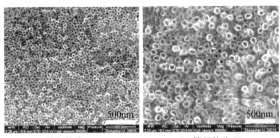

(a) 管径约为26nm　　　　　　　　(b) 管径约为64nm

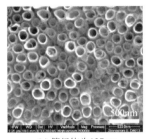

(c) 管径约为127nm

图 2-45　不同管径纳米管阵列界面疏水化变化情况

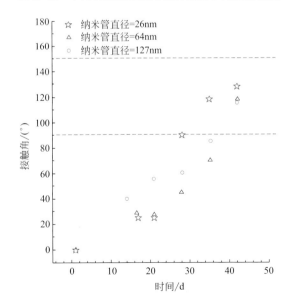

2.2.2　TiO$_2$纳米沟槽岛阵列界面疏水特性

图2-46为无沟槽纳米岛阵列界面和纳米沟槽岛阵列界面接触角与贮存时间曲线，样品在测试过程中遮光干燥贮存，每次接触角测试结束后，小心吸干水滴后继续贮存。无沟槽纳米岛阵列制备条件为：电压为80V，电解液为含2.0%HF酸、10.0%水的乙二醇溶液，反应温度为25℃，反应时间为12h，如图2-47(a) 所示。纳米沟槽岛阵列的制备条件为：电压为80V，电解液为含10.0%HF酸、3.0%水的乙二醇溶液，反应温度为5℃，反应时间为10h，如图2-47(b) 所示。

如图2-46所示，新制样品刚晾干后，均表现出超亲水特性。这是因为固体TiO$_2$表面的断键缺陷密度大，属于高表面能界面，水分子易与高能缺陷结合，使得TiO$_2$界面表现出强烈的二维毛细效应，即出现超亲水性。在贮存的前12个小时，无沟槽纳米岛阵列界面的疏水化速率比纳米沟槽岛界面快。然而，如图所示，12h之后无沟槽纳米岛阵列界面接触角趋于不变；而纳米沟槽岛阵列界面接触角继续升高至接近疏水线（90°）。说明纳米沟槽对于提高接触角具有一定的贡献。

图 2-46　**无沟槽纳米岛与有沟槽纳米岛阵列界面疏水化变化情况**

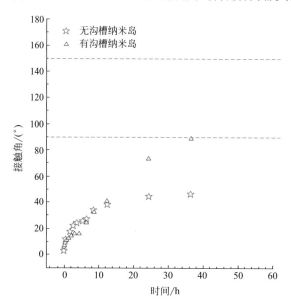

图 2-47　**用于浸润测试的纳米岛阵列界面 SEM 图**

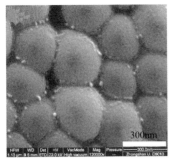 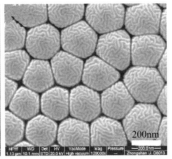

(a) 无沟槽纳米岛阵列界面　　　　　　(b) 纳米沟槽岛阵列界面

2.2.3　稀疏型 TO₂ 纳米管阵列界面：滚动超疏水界面

稀疏 TiO₂ 纳米管阵列样品，如图 2-48 所示，制备条件为：电压为 80V，电解液为含 4.0% HF 酸、17.0% 水的乙二醇溶液，反应温度为 25℃，反应时间为 12h。

图 2-48　**稀疏 TiO₂ 纳米管阵列 SEM 图**

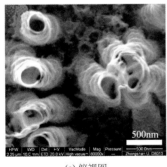 

(a) 俯视图　　　　　　　　　　(b) 侧面图

该样品黑暗干燥贮存后，可迅速疏水化，最后形成真正意义的超疏水界面，即接触角大于 150°且具有较小的滚动角。如图 2-49(a) 所示，6μL 水滴在稀疏 TiO₂ 纳米管阵列上呈现 165°接触角。图 2-49(b) 为接近 5μL 水滴在约 5°倾角的斜面上的滚动图，由于相机的抓拍性能较差，导致水滴成像滞后而出现成像变形；其插图为水珠于倾斜面上滚动示意图。此外，图 2-50 系列

图 2-49　**水滴在稀疏纳米管阵列界面的状态**

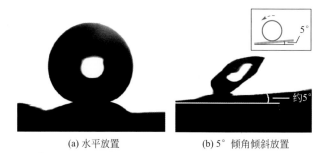

(a) 水平放置　　　　　　　(b) 5°倾角倾斜放置

图 2-50　**水滴在样品表面滴弹过程**

（图序号表示图片记录的时间顺序）

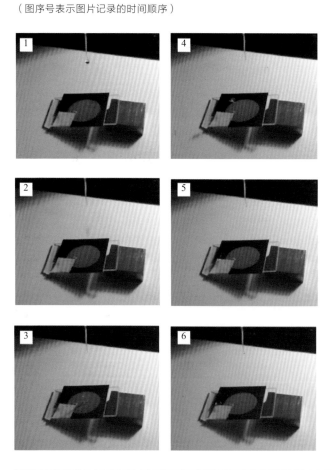

图表现了该超疏水界面的水滴滴弹过程。水滴滴弹实验反复进行 6 次，每次均可实现水滴滴下后弹开的现象，说明稀疏 TO₂ 纳米管阵列界面具有较小的接触角迟滞效应，可实现具有一定稳定性的超疏水特性。其形成滚动超疏水性能的原因可能是：在疏水化之后，固液之间能够形成 Cassie-Baxter 接触状态。

2.2.4　稀疏纳米管的 UV 控制：由滚动超疏水转化至超亲水

稀疏 TiO₂ 纳米管阵列样品，如图 2-51 所示，制备条件为：电压为 80V，电解液为含 4.0% HF 酸、18.0% 水的乙二醇溶液，反应温度为 25℃，反应时间为 12h。

如图 2-52(a) 所示，稀疏型 TiO₂ 纳米管阵列黑暗贮存后具有高接触角。采用 365nm UV 光以 90mW/cm² 照射 2h 之后，该表面转变为超亲水（接触角接近 0°）。

图 2-51　UV 照射超亲水化实验样品 SEM 图

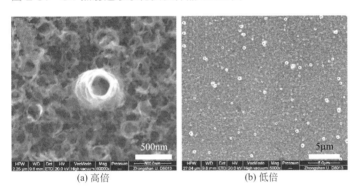

(a) 高倍　　　　(b) 低倍

图 2-52　贮存样品 UV 照射亲水化结果

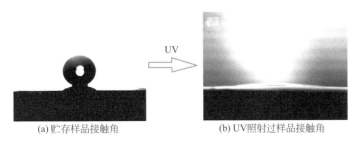

(a) 贮存样品接触角　　　　(b) UV 照射过样品接触角

2.2.5　TiO₂ 纳米管阵列界面疏水化机理分析

（1）黑暗环境干燥贮存前后表面 XPS 分析

　　TiO₂ 纳米管阵列界面、纳米沟槽岛阵列界面的疏水化特性实验结果表明，干燥器中黑暗环境干燥贮存后，TiO₂ 样品界面呈现疏水化结果。疏水化的速率和程度与表面结构有关。其中稀疏 TiO₂ 纳米管阵列界面疏水化速率与程度最高，可转为滚动超疏水界面。

　　由于在黑暗环境干燥贮存过程中，材料表面微纳米结构未发生改变，所以疏水化转变的原因在于材料表面化学组成发生变化，可借助 X 射线光电子能谱（XPS）分别对新制稀疏 TiO₂ 纳米管阵列界面和贮存样品进行表面化学态表征。

　　图 2-53 为新制样品和贮存样品测试的全谱扫描结果，其中确认含 Ti、O 以及 C 三种元素。为了更加准确检测三种元素对应的各种基团，分别对这三种元素进行高分辨扫描，如图 2-54～图 2-56 所示。

　　图 2-54～图 2-56 分别为 Ti 2p 能级、O 1s 能级、C 1s 能级光电子能谱峰信号及各基团拟合情况。这三张图的峰均经过扣背景处理、基团含量归一化

图 2-53　贮存样品和新制样品 XPS 全谱扫描结果

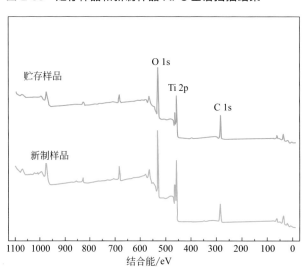

图 2-54　**贮存样品和新制样品 Ti 2p 区域峰位**
信号由线表示，各基团拟合情况由点表示

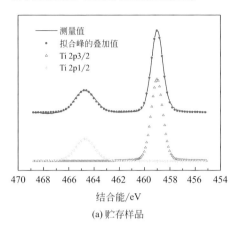
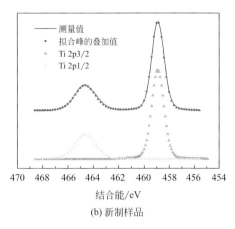

(a) 贮存样品　　　　　　　　　　　　　　(b) 新制样品

图 2-55　**贮存样品和新制样品 O 1s 区域峰位**
信号由线表示，各基团拟合情况由点表示

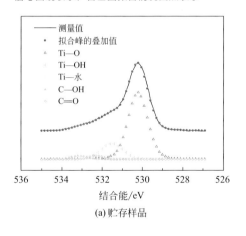
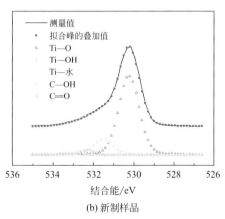

(a) 贮存样品　　　　　　　　　　　　　　(b) 新制样品

处理、根据原子含量比例处理，图中显示的峰面积的大小对应该基团原子含量的高低。如图 2-54、图 2-55 所示，Ti、O 两种元素的信号，贮存样品和新制样品的差异不明显。但是，由图 2-56 可见，贮存样品和新制样品的 C 1s 峰有较大差异。其中贮存样品表面 C—H/C—C 基团原子含量明显高于新制样品。贮存之后样品表面 C—H/C—C 基团原子含量升高，可能是因为 TiO₂ 纳米管阵列界面吸附空气中的有机物而导致。

图 2-56　贮存样品和新制样品 C 1s 区域峰位
信号由线表示，各基团拟合情况由点表示

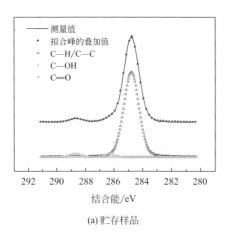

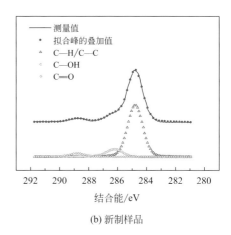

(a) 贮存样品　　　　　　　　　　　　(b) 新制样品

由于 C—H/C—C 基团是疏水基团，其含量高可导致表面疏水基团比例增加，该表面呈现更强的疏水性能。贮存样品表面该基团含量比新制样品表面高，这可能是贮存后表面疏水化的原因。

（2）　UV 照射前后表面 XPS 分析

由于在照射过程中，材料表面微纳米结构未发生改变，所以浸润性改变的原因同样源于材料表面化学组成的变化。图 2-57 为贮存样品和 UV 照射过样品 X 射线光电子能谱（XPS）测试的全谱扫描结果，其中确认含 Ti、O 以及 C 三种元素。为了更加准确检测三种元素对应的各种基团，分别对这三种元素进行高分辨扫描，如图 2-58～图 2-60 所示。

图 2-58～图 2-60 分别为 Ti 2p 能级、O 1s 能级、C 1s 能级光电子能谱峰信号及各基团拟合情况；这三张图的峰均经过扣背景处理、基团含量归一化处理、根据原子含量比例处理；图中显示的峰面积的大小对应该基团原子含量的高低。如图 2-58 所示，Ti 元素的信号，贮存样品和 UV 照射样品的差异不明显。

由图 2-59 可见，UV 照射后样品表面 Ti—O 峰升高，且 Ti—OH 峰升高；而图 2-60 显示，UV 照射后样品的 C—H/C—C 峰明显降低。说明 UV 照射消除了界面表层的吸附碳，使其含量降低；而 Ti—O 基团暴露出来，含

图 2-57　贮存样品和 UV 照射过样品 XPS 全谱扫描结果

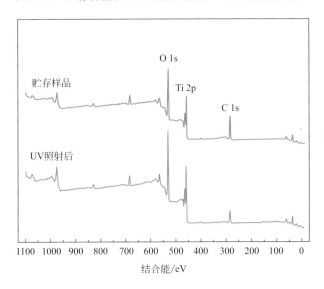

图 2-58　贮存样品和 UV 照射样品 Ti 2p 区域峰位

信号由线表示，各基团拟合情况由点表示

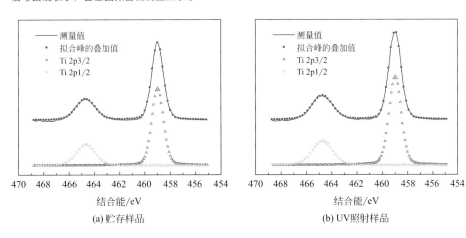

量升高；而且表面 Ti—OH 基团含量略升。由于 TiO₂ 具有光催化性能，在 UV 照射后，TiO₂ 将吸附的有机物分解了。

　　UV 照射后，由于疏水基团（C—H/C—C）含量降低，而具有亲水性的

图 2-59　贮存样品和 UV 照射样品 O 1s 区域峰位

信号由线表示，各基团拟合情况由点表示

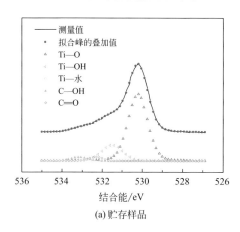 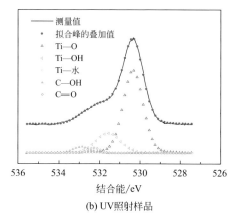

(a) 贮存样品　　　　　　　　　　　　(b) UV照射样品

图 2-60　贮存样品和 UV 照射样品 C 1s 区域峰位

信号由线表示，各基团拟合情况由点表示

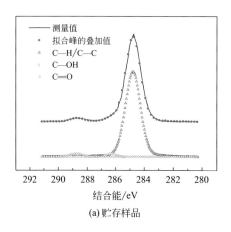 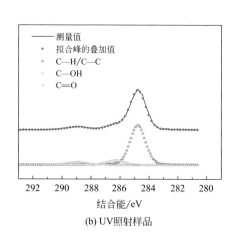

(a) 贮存样品　　　　　　　　　　　　(b) UV照射样品

Ti—OH 基团含量升高，所以使 TiO_2 纳米管阵列界面呈现超亲水性能。该结果验证了上一节关于贮存疏水化机理的推测：贮存之后样品表面 C—H/C—C 基团原子含量升高，导致表面疏水基团比例增加，这是表面疏水化的原因。

2.3
钛纳米针阵列界面特性

钛金属及其合金是重要的轻质结构材料，具有比强度高、耐腐蚀性能优异的特点，在航空工业、化学工业、生物医学工程领域具有特殊的应用[1,2,69,70]。钛金属表面的纳米结构化可提升其界面物理化学性能，对钛金属材料性能提升、新功能开发具有积极意义。

电化学阳极氧化法可用于钛金属表面生长 TiO₂ 纳米管阵列氧化层，并于纳米管底形成钛金属纳米级圆形凹陷，揭下该氧化层后可得到大面积纳米凹陷阵列。本节通过改进阳极氧化条件，在反应过程中，让凹陷程度增大，使凹陷周围形成针状结构，制备大面积钛纳米针阵列。

制备 TiO₂ 纳米管阵列的样品为工业纯，厚度为 0.3mm 的 Ti 金属片。采用绒布对 Ti 金属片进行抛光处理，并相继在纯水、丙酮、去离子水中超声清洗，取出后于室温环境下晾干。将预处理后的 Ti 片按图 2-10 所示进行连接：Ti 金属作为阳极，铅板作为阴极，电极间距为 1cm；架设搅拌系统进行搅拌。

2.3.1　钛纳米针阵列界面制备

（1）钛纳米针形成过程

阳极氧化制备的 TiO₂ 纳米管阵列，在金属基底一般会留下圆形凹陷"脚印"，这是圆形纳米管底向金属基底氧化生长的结果。然而如图 2-61 所示，若通过改变电化学阳极氧化条件，可使金属凹陷得更深，而四周会形成凸起的纳米结构，去掉氧化层后，则可得到 Ti 基底表面纳米级凸起结构。

图 2-62 为采用含 10.0% HF 酸，3.0% 水的乙二醇溶液作电解液，15V 阳极氧化电压，5℃下反应 4h 得到的 Ti 基底 SEM 图及能谱图。由图可见，Ti 基底表面有大量纳米级针状结构，且其材质为钛金属。由此可见图 2-61 的思路具有可行性，而实现纳米针结构制备的重要问题是电解液溶解腐蚀效应的控制。

（2）搅拌速率的影响

搅拌可以增强溶解。图 2-63 为不同搅拌速率下，采用含 2.0% HF 酸，

图 2-61　阳极氧化法于 Ti 基底制备 Ti 纳米针思路

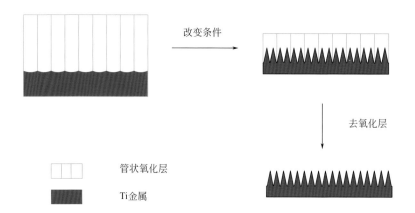

管状氧化层

Ti金属

图 2-62　钛金属纳米针 SEM 图及能谱测试结果

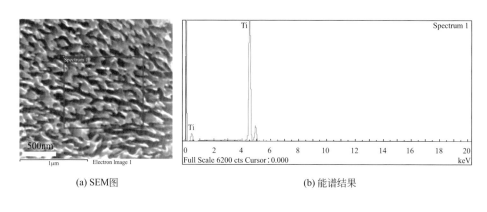

(a) SEM图　　　　　　　　　　　　　　(b) 能谱结果

20.0％水的乙二醇溶液作电解液，80V 阳极氧化电压，25℃下反应 4h 得到的 Ti 基底 SEM 图。由图可见，在电压及电解液不变的情况下，通过搅拌速率改变电解液的溶解效应，对金属基底的纵深腐蚀有较大的影响。图 2-63（a）为无搅拌结果，金属基底表面仅有少量较浅的凹陷；当搅拌速率为 1500r/min 时，金属基底出现较强烈的凹陷结果；当搅拌速率为 2000r/min 时，凹陷更加明显。可见，增强搅拌可促进基底产生纳米级凹陷。图 2-64 为该系列样品的相片，样品表面膜状层为 TiO_2 氧化层，氧化层下方即为 Ti 金属基底（图 2-63 即为该 Ti 金属基底的 SEM 图）。由样品图可见，随着搅拌速率的增大，所得样品呈现变暗的趋势，其可能与 Ti 金属基底的凹陷结构有关。

图 2-63　**不同搅拌速率下阳极氧化制备 Ti 基底 SEM 图片**

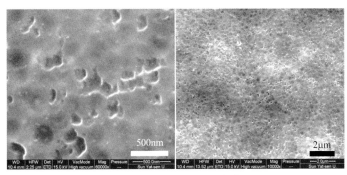
(a) 无搅拌条件下的高倍图和低倍图

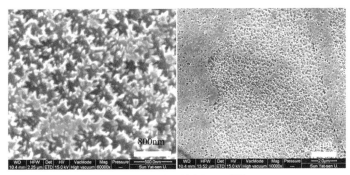
(b) 1500r/min条件下的高倍图和低倍图

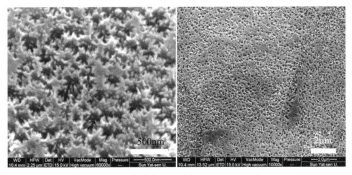
(c) 2000r/min条件下的高倍图和低倍图

图 2-64　不同搅拌速率下阳极氧化制备的样品相片

(a) 无搅拌　　　　　　(b) 1500r/min　　　　　　(c) 2000r/min

（3）水含量的影响

图 2-65 为不同水含量电解液下阳极氧化，得到 Ti 基底的 SEM 图。采用含 2.0% HF 酸，不同水含量的乙二醇溶液作电解液，80V 阳极氧化电压，反应温度为 25℃，反应时间为 3h，搅拌速率为 1500r/min。由图可见，水含量的升高可促进凹陷的产生，并最终形成纳米针结构。由图 2-65(d) 可见，当水含量升至 35.0% 时，可得到钛金属纳米针阵列结构；而图 2-65(e) 显示，当水含量达 40.0% 时，纳米针结构弱化。说明水含量需控制在一定范围内，才利于纳米针的形成。图 2-66 为该系列样品的相片。

图 2-65　不同水含量电解液阳极氧化制备的钛金属基底 SEM 图

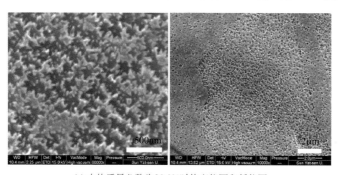

(a) 水的质量分数为20.0%时的高倍图和低倍图

图 2-65

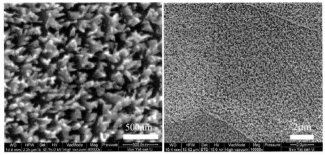
(b) 水的质量分数为25.0%时的高倍图和低倍图

(c) 水的质量分数为30.0%时的高倍图和低倍图

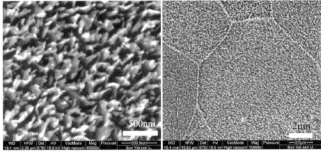
(d) 水的质量分数为35.0%时的高倍图和低倍图

(e) 水的质量分数为40%时的高倍图和低倍图

图 2-66　不同水含量电解液阳极氧化制备的样品相片

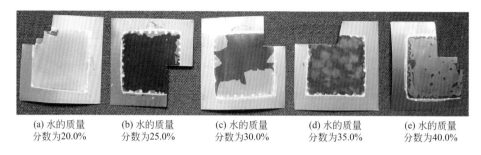

(a) 水的质量
分数为20.0%

(b) 水的质量
分数为25.0%

(c) 水的质量
分数为30.0%

(d) 水的质量
分数为35.0%

(e) 水的质量
分数为40.0%

（4）电解液 HF 含量的影响

　　图 2-67 为不同 HF 含量电解液下阳极氧化，得到 Ti 基底的 SEM 图。采用含不同浓度 HF 酸，25.0％水的乙二醇溶液作电解液，80V 阳极氧化电压，

图 2-67　不同 HF 含量电解液阳极氧化制备的钛金属基底 SEM 图

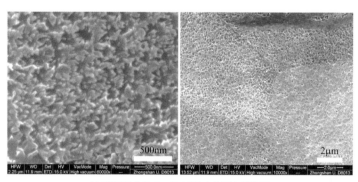

(a) HF质量分数为1.0%时的高倍图和低倍图

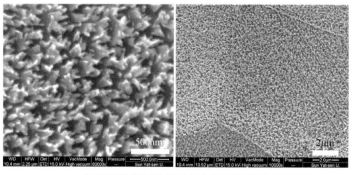

(b) HF质量分数为2.0%时的高倍图和低倍图

图 2-67

(c) HF质量分数为3.0%时的高倍图和低倍图

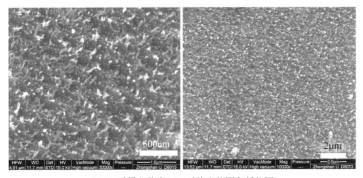

(d) HF质量分数为4.0%时的高倍图和低倍图

反应温度为 25℃，反应时间为 3h，搅拌速率为 1500r/min。由图 2-67(a) 可见，HF 含量为 1.0％时，Ti 基底出现凹陷，但分布不均匀；当 HF 含量升至 2.0％和 3.0％时，出现大面积凹陷；HF 达 4.0％时，凹陷消失。说明 HF 含量需控制在一定范围，才有利于凹陷的形成。图 2-68 为该系列样品的相片。

（5）电压的影响

　　图 2-69 为不同电压下阳极氧化得到 Ti 基底的 SEM 图。采用含 2.0％ HF 酸，25.0％水的乙二醇溶液作电解液，反应温度为 25℃，反应时间为 3h，搅拌速率为 1500r/min。由图 2-69(a) 可见，当阳极氧化电压为 60V 时，Ti 基底上出现细小的纳米凸起结构；电压为 80V 时，Ti 基底上出现类似针状的纳米凸起，且比 60V 样品粗，从低倍图可看出其分布均匀性较好；电压升至 100V 以上后，Ti 基底上虽然仍出现较深的凹陷结构，但凹陷的密布程

图 2-68   不同 HF 含量电解液阳极氧化制备的样品相片

(a) HF的质量　　　　(b) HF的质量　　　　(c) HF的质量　　　　(d) HF的质量
　分数为1.0　　　　　分数为2.0　　　　　分数为3.0　　　　　分数为4.0

度较差；120V 电压可产生更深的纳米凹陷，凹陷结构及分布与 100V 类似。由此可见，阳极氧化电压与电解液的溶解效应相互匹配才能使纳米针阵列均匀形成。图 2-70 为该系列样品的相片。

图 2-69   不同阳极氧化电压下制备的 Ti 金属基底 SEM 图

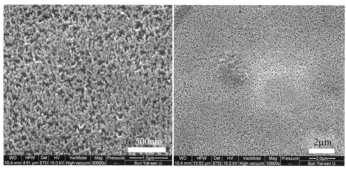

(a) 60V时的高倍图和低倍图

(b) 80V时的高倍图和低倍图

图 2-69

(c) 100V时的高倍图和低倍图

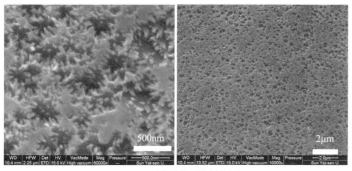

(d) 120V时的高倍图和低倍图

图 2-70　**不同阳极氧化电压下制备的样品相片**

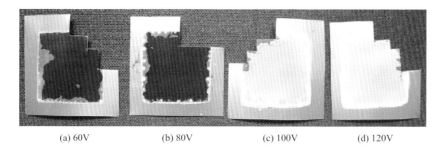

(a) 60V　　　　(b) 80V　　　　(c) 100V　　　　(d) 120V

2.3.2　钛纳米针阵列界面疏水性能

图 2-71 为用于接触角测试表征的 Ti 纳米针阵列 SEM 图。图 2-72 为该表面接触角随时间变化情况。刚制备的表面具有超亲水性质，而放置 2d 后，

图 2-71　进行接触角测试的 Ti 金属纳米针阵列界面 SEM 图

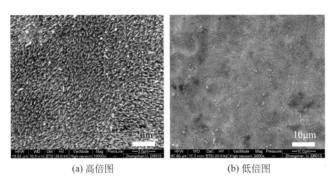

(a) 高倍图　　　　　　　　　　　　(b) 低倍图

图 2-72　钛金属纳米针界面接触角随时间变化情况

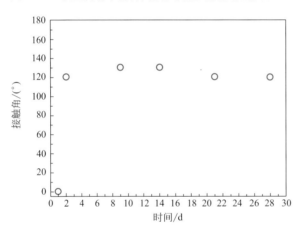

其接触角升至 120°，并稳定在该接触角。由于钛平表面的接触角约为 70°，为亲水材料。纳米针结构化后，可提高表面接触角，水滴与结构表面之间可能处于 Cassie-Baxter 接触状态；但接触角的测试结果只是处于亚稳态的结果，因为当采用较大水滴，或水滴喷至该结构表面，接触角就会降低。

2.3.3　钛纳米针阵列界面吸光性能

（1）样品界面结构表征

图 2-73 为用于漫反射光吸收测试的样品相片，其中图（a）为钛片，

图 (b)～(d) 为阳极氧化反应后得到的样品,其中阳极氧化电压为 80V,反应温度为 25℃,反应时间为 3h,搅拌速率为 1500r/min,电解液为含 2.0% HF 酸,含 50.0% 水 [(b) 样品]、含 40.0% 水 [(c) 样品]、含 25.0% 水 [(d) 样品] 的乙二醇溶液。由图可见,未阳极氧化的钛片为银白色;50.0% 样品为暗银白色;40.0% 样品为灰黑相间;25.0% 样品为黑色。

图 2-73　漫反射光吸收测试的样品相片

(a) 钛片　　(b) 水的质量分数 为50.0%的样品　　(c) 水的质量分数 为40.0%的样品　　(c) 水的质量分数 为25.0%的样品

图 2-74 为用于漫反射光吸收测试的样品 SEM 图。其中,图 (a) 为钛片,其表面零散分布微米级缺陷;图 (b) 为 50.0% 样品,高倍图显微其表面有间距约 500nm 的针状凸起,低倍图可见微米级钛金属的晶界线;图 (c) 和图 (d) 为灰黑相间表面的 40.0% 样品 SEM 图,其中图 (c) 为灰区 SEM 图,图 (d) 为黑区 SEM 图,由图可见其均含有针状凸起,但灰区 (c) 间距约 200nm,而黑区 (d) 间距为 100nm 以下;图 (e) 为 25.0% 样品 SEM 图,其含有大量间距小于 100nm 的纳米针状凸起。

图 2-74　漫反射光吸收测试的样品 SEM 图

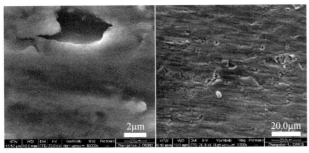

(a) 钛片的高倍图和低倍图

图 2-74

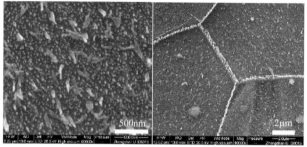

(b) 水的质量分数为50.0%时样品的高倍图和低倍图

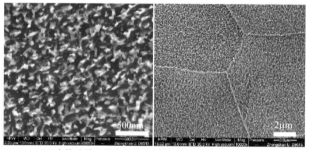

(c) 水的质量分数为40.0%时样品灰区高倍图和低倍图

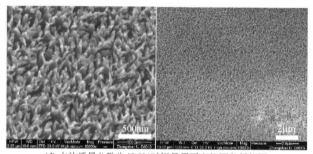

(d) 水的质量分数为40.0%时样品黑区高倍图和低倍图

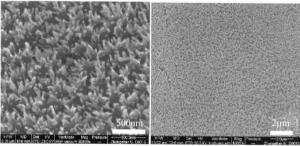

(e) 水的质量分数为25.0%时样品的高倍图和低倍图

（2）漫反射表征及吸光机理分析

由于光（200～800nm）不可透射过钛金属，光照射至该表面将被吸收或者被反射，所以可通过测量漫反射的强弱来表征吸光性能的差异。图 2-75 为图 2-73 系列表面的漫反射测试结果，其中纵坐标为光反射比，横坐标为波长，其漫反射测试以特氟龙平表面（teflon plate）作为参比。

图 2-75　**不同样品表面在 200～800nm 范围内漫反射测试结果**

（以特氟龙平表面作参比）

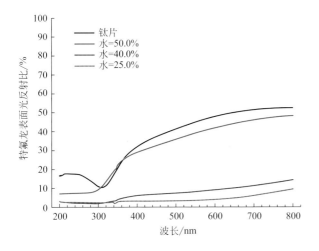

首先，由图 2-75 可见，四条曲线的反射比随着光波长的降低而减小，在 350nm 左右，出现突然阶跃式降低。这是因为钛金属活性极高，置于大气中时，样品表面形成一层纳米级 TiO₂ 氧化层，由于 TiO₂ 属于禁带宽度约 3.2eV 的半导体，对于 350nm 左右以下的紫外光，将出现额外的半导体本征吸收。

其次，各波长的光在不同纳米结构表面的反射比均存在差异。如图 2-75 所示，银白色的钛片（Ti plate）的反射比最高（800nm 时约 50%）；暗银白色的 50.0% 水样品的反射比低一些；黑灰相间的 40.0% 水样品反射比大幅下降；黑色的 25.0% 水样品各波长光的反射比均约为钛片的 1/5。由图 2-74 可知，这 4 个样品的微观结构存在较大差异，而且表面含有纳米级针状凸起的样品，其反射比较低，即其吸光性较强。

对于光在不同纳米结构表面的强化吸收现象，可通过图 2-76 的模型进行机理分析。如图 2-76(a) 所示，对于平表面，光在其表面仅进行有限次反射（比如 1 次），之后光将逃逸，所以该表面对光的吸收程度有限。如图 2-76(b) 所示，当光投射于宽间距 Ti 纳米针表面时，该结构可强化光在其间的多次反射，多次反射可强化光的吸收。如图 2-76(c) 所示，当光投射于窄间距 Ti 纳米针表面时，可将光陷于该结构中，让光进行无数次反射，最终光被完全吸收。图 2-75 的反射比与图 2-74 的微观结构之间的联系可证明该机理分析的合理性；而 40.0% 样品为灰黑相间样品，灰区对于宽间距纳米针，而黑区对于窄间距纳米针，同样证明了纳米针状凸起可强化界面光吸收。

图 2-76　钛金属纳米针界面光散射分析

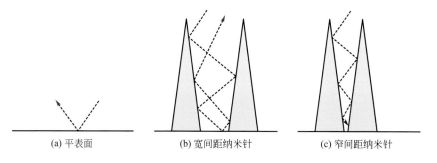

(a) 平表面　　　　　　(b) 宽间距纳米针　　　　　　(c) 窄间距纳米针

阳极氧化法制备 TiO$_2$ 纳米管阵列的同时，可于纳米管底、钛金属基底表面形成纳米级圆形凹陷阵列，通过增强凹陷程度，使凹陷周围形成针状结构，从而得到大面积钛纳米针阵列。

参考文献

［1］陈粤. TiO$_2$ 纳米管阵列界面制备与功能应用. 广州：中山大学，2011.

［2］罗智勇. 基于化学键极性的氟致超亲水原理及其油水分离应用. 广州：中山大学，2017.

［3］Fujishima A，Honda K. Electrochemical Photolysis of Water at a Semiconductor Electrode. Nature，**1972**，238：37-38.

［4］Chen X，Mao S S. Titanium Dioxide Nanomaterials：Synthesis，Properties，Modifications，and Applications. Chemical Reviews，**2007**，107：2891-2959.

［5］Linsebigler A L，Lu G，Yates J T. Photocatalysis on TiO$_2$ Surfaces：Principles，Mechanisms，and Selected Results. Chemical Reviews，**1995**，95：735-758.

［6］Parkin I P, Palgrave R G. Self-cleaning coatings. Journal of Materials Chemistry, **2005**, 15: 1689-1695.

［7］O'Regan B, Gratzel M. A low-cost, high-efficiency solar cell based on dye-sensitized colloidal TiO₂ films. Nature, **1991**, 353: 737-740.

［8］Zhu K, Neale N R, Miedaner A, et al. Enhanced charge-collection efficiencies and light scattering in dye-sensitized solar cells using oriented TiO₂ nanotubes arrays. Nano Lett, **2007**, 7: 69-74.

［9］Mor G K, Shankar K, Paulose M, et al. Enhanced photocleavage of water using titania nanotube arrays. Nano Lett, **2005**, 5: 191-195.

［10］Lai Y K, Gao X F, Zhuang H F, et al. Designing Superhydrophobic Porous Nanostructures with Tunable Water Adhesion. Adv Mater, **2009**, 21: 3799-3803.

［11］Balaur E, Macak J M, Taveira L, et al. Tailoring the wettability of TiO₂ nanotube layers. Electrochem Commun, **2005**, 7: 1066-1070.

［12］Ruan C M, Paulose M, Varghese O K, et al. Enhanced photo electrochemical-response in highly ordered TiO₂ nanotube-arrays anodized in boric acid containing electrolyte. Sol Energ Mat Sol C, **2006**, 90: 1283-1295.

［13］Albu S P, Ghicov A, Macak J M, et al. Self-organized, free-standing TiO₂ nanotube membrane for flow-through photocatalytic applications. Nano Lett, **2007**, 7: 1286-1289.

［14］Varghese O K, Paulose M, Grimes C A. Long vertically aligned titania nanotubes on transparent conducting oxide for highly efficient solar cells. Nature Nanotechnology, **2009**, 4: 592-597.

［15］Ghicov A, Alba S P, Macak J M, et al. High-contrast electrochromic switching using transparent lift-off layers of self-organized TiO₂ nanotubes. Small, **2008**, 4: 1063-1066.

［16］Varghese O K, Gong D W, Paulose M, et al. Extreme changes in the electrical resistance of titania nanotubes with hydrogen exposure. Adv Mater, **2003**, 15: 624-627.

［17］Park J, Bauer S, Schmuki P, et al. Narrow Window in Nanoscale Dependent Activation of Endothelial Cell Growth and Differentiation on TiO₂ Nanotube Surfaces. Nano Lett, **2009**, 9: 3157-3164.

［18］Park J, Bauer S, et al. Nanosize and vitality: TiO₂ nanotube diameter directs cell fate. Nano Lett, **2007**, 7: 1686-1691.

［19］Hoyer P. Formation of a Titanium Dioxide Nanotube Array. Langmuir, **1996**, 12: 1411-1413.

［20］Bavykin D V, Friedrich J M, Walsh F C. Protonated titanates and TiO₂ nanostructured materials: Synthesis, properties, and applications. Adv Mater, **2006**, 18: 2807-2824.

［21］Masuda H, Fukuda K. Ordered Metal Nanohole Arrays Made by a Two-Step Replication of Honeycomb Structures of Anodic Alumina. Science, **1995**, 268: 1466-1468.

［22］Keller F, Hunter M S, Robinson D L. Structural Features of Oxide Coatings on Aluminum. Journal of The Electrochemical Society, **1953**, 100: 411-419.

［23］Zwilling V, Darque-Ceretti E, Boutry-Forveille A, et al. Structure and physicochemistry of anodic oxide films on titanium and TA6V alloy. Surf Interface Anal, **1999**, 27: 629-637.

[24] Gong D, Grimes C A, Varghese O K, et al. Titanium oxide nanotube arrays prepared by anodic oxidation. J Mater Res, **2001**, 16: 3331-3334.

[25] Beranek R, Hildebrand H, Schmuki P. Self-organized porous titanium oxide prepared in H_2SO_4/HF electrolytes. Electrochem Solid St, **2003**, 6: B12-B14.

[26] Hahn R, Macak J M, Schmuki P. Rapid anodic growth of TiO_2 and WO_3 nanotubes in fluoride free electrolytes. Electrochem Commun, **2007**, 9: 947-952.

[27] Tsuchiya H, Schmuki P. Self-organized high aspect ratio porous hafnium oxide prepared by electrochemical anodization. Electrochem Commun, **2005**, 7: 49-52.

[28] Sieber I V, Schmuki P. Porous Tantalum Oxide Prepared by Electrochemical Anodic Oxidation. Journal of The Electrochemical Society, **2005**, 152: C639-C644.

[29] Tsuchiya H, Macak J M, Taveira L, et al. Fabrication and characterization of smooth high aspect ratio zirconia nanotubes. Chemical Physics Letters, **2005**, 410: 188-191.

[30] Sieber I, Hildebrand H, Friedrich A, et al. Formation of self-organized niobium porous oxide on niobium. Electrochem Commun, **2005**, 7: 97-100.

[31] Rangaraju R R, Raja K S, Panday A, et al. An investigation on room temperature synthesis of vertically oriented arrays of iron oxide nanotubes by anodization of iron. Electrochimica Acta, **2010**, 55: 785-793.

[32] Ghicov A, Schmuki P. Self-ordering electrochemistry: a review on growth and functionality of TiO_2 nanotubes and other self-aligned MO structures. Chemical Communications, **2009**: 2791-2808.

[33] Grimes C A, Mor G K. TiO_2 Nanotube Arrays: Synthesis, Properties, and Applications. Springer Science+ Business Media: Dordrecht, Heidelberg, London, New York, 2009.

[34] Houser J E, Hebert K R. The role of viscous flow of oxide in the growth of self-ordered porous anodic alumina films. Nature Materials, **2009**, 8: 415-420.

[35] Macák J M, Tsuchiya H, Schmuki P. High-Aspect-Ratio TiO_2 Nanotubes by Anodization of Titanium. Angewandte Chemie International Edition, **2005**, 44: 2100-2102.

[36] Albu S P, Ghicov A, Aldabergenova S, et al. Formation of Double-Walled TiO_2 Nanotubes and Robust Anatase Membranes. Adv Mater, **2008**, 20: 4135-4139.

[37] Thompson G E. Porous anodic alumina: fabrication, characterization and applications. Thin Solid Films, **1997**, 297: 192-201.

[38] Zwilling V, Aucouturier M, Darque-Ceretti E. Anodic oxidation of titanium and TA6V alloy in chromic media. An electrochemical approach. Electrochimica Acta, **1999**, 45: 921-929.

[39] Macak J M, Tsuchiya H, Taveira L, et al. Smooth anodic TiO_2 nanotubes. Angew Chem Int Edit, **2005**, 44: 7463-7465.

[40] 赖跃坤, 孙岚, 左娟, 等. 氧化钛纳米管阵列制备及形成机理. 物理化学学报, **2004**, 20: 1063-1066.

[41] Ruan C, Paulose M, Varghese O K, et al. Enhanced photoelectrochemical-response in

highly ordered TiO₂ nanotube-arrays anodized in boric acid containing electrolyte. Sol Energ Mat Sol C, **2006**, 90: 1283-1295.

[42] Tsuchiya H, Macak J M, Taveira L, et al. Self-organized TiO₂ nanotubes prepared in ammonium fluoride containing acetic acid electrolytes. Electrochem Commun, **2005**, 7: 576-580.

[43] Tian T, Xiao X F, Liu R f, et al. Study on titania nanotube arrays prepared by titanium anodization in NH₄F/H₂SO₄ solution. Journal of Materials Science, **2007**, 42: 5539-5543.

[44] Bauer S, Kleber S, Schmuki P. TiO₂ nanotubes: Tailoring the geometry in H₃PO₄/HF electrolytes. Electrochem Commun, **2006**, 8: 1321-1325.

[45] Cai Q, Yang L, Yu Y. Investigations on the self-organized growth of TiO₂ nanotube arrays by anodic oxidization. Thin Solid Films, **2006**, 515: 1802-1806.

[46] Paulose M, Shankar K, Yoriya S, et al. Anodic growth of highly ordered TiO₂ nanotube arrays to 134 microm in length. Journal of Physical Chemistry B, **2006**, 110: 16179-16184.

[47] Prakasam H E, Shankar K, Paulose M, et al. A new benchmark for TiO₂ nanotube array growth by anodization. J Phys Chem C, **2007**, 111: 7235-7241.

[48] Yoriya S, Mor G K, Sharma S, et al. Synthesis of ordered arrays of discrete, partially crystalline titania nanotubes by Ti anodization using diethylene glycol electrolytes. Journal of Materials Chemistry, **2008**, 18: 3332-3336.

[49] Ishibashi K -i, Yamaguchi R -t, Kimura Y, et al. Fabrication of Titanium Oxide Nanotubes by Rapid and Homogeneous Anodization in Perchloric Acid/Ethanol Mixture. Journal of The Electrochemical Society, **2008**, 155: K10-K14.

[50] Richter C, Wu Z, Panaitescu E, et al. Ultra-High-Aspect-Ratio Titania Nanotubes. Adv Mater, **2007**, 19: 946-948.

[51] Chen X, Schriver M, Suen T, et al. Fabrication of 10nm diameter TiO₂ nanotube arrays by titanium anodization. Thin Solid Films, **2007**, 515: 8511-8514.

[52] Allam N K, Grimes C A. Formation of vertically oriented TiO₂ nanotube arrays using a fluoride free HCl aqueous electrolyte. J Phys Chem C, **2007**, 111: 13028-13032.

[53] Allam N K, Shankar K, Grimes C. A. Photoelectrochemical and water photoelectrolysis properties of ordered TiO₂ nanotubes fabricated by Ti anodization in fluoride-free HCl electrolytes. Journal of Materials Chemistry, **2008**, 18: 2341-2348.

[54] Shankar K, Basham J I, Allam N K, et al. Recent Advances in the Use of TiO₂ Nanotube and Nanowire Arrays for Oxidative Photoelectrochemistry. J Phys Chem C, **2009**, 113: 6327-6359.

[55] Mor G K, Varghese O K, Paulose M, et al. A review on highly ordered, vertically oriented TiO₂ nanotube arrays: Fabrication, material properties, and solar energy applications. Sol Energ Mat Sol C, **2006**, 90: 2011-2075.

[56] Grimes C A. Synthesis and application of highly ordered arrays of TiO₂ nanotubes. Journal of Materials Chemistry, **2007**, 17: 1451-1457.

［57］Yasuda K, Macak J M, Berger S, et al. Mechanistic Aspects of the Self-Organization Process for Oxide Nanotube Formation on Valve Metals. Journal of The Electrochemical Society, **2007**, 154: C472-C478.

［58］Berger S, Macak J M, Kunze J, et al. High-Efficiency Conversion of Sputtered Ti Thin Films into TiO[sub₂] Nanotubular Layers. Electrochemical and Solid-State Letters, **2008**, 11: C37-C40.

［59］Mohammadpour A, Waghmare P R, Mitra S K, et al. Anodic Growth of Large-Diameter Multipodal TiO₂ Nanotubes. ACS Nano, **2010**, 4: 7421-7430.

［60］Macdonald D D. On the Formation of Voids in Anodic Oxide Films on Aluminum. Journal of The Electrochemical Society, **1993**, 140: L27-L30.

［61］LeClere D J, Velota A, Skeldon P, et al. Tracer Investigation of Pore Formation in Anodic Titania. Journal of The Electrochemical Society, **2008**, 155: C487-C494.

［62］江雷. 从自然到仿生的超疏水纳米界面材料. 科技导报, **2005**, 23: 4-8.

［63］Bocquet L, Lauga E. A smooth future. Nature Materials, **2011**, 10: 334-337.

［64］Nishino T, Meguro M, Nakamae K, et al. The Lowest Surface Free Energy Based on -CF3 Alignment. Langmuir, **1999**, 15: 4321-4323.

［65］Wang R, Hashimoto K, Fujishima A, et al. Light-induced amphiphilic surfaces. Nature, **1997**, 388: 431-432.

［66］Wang R, Sakai N, Fujishima A, et al. Studies of Surface Wettability Conversion on TiO₂ Single-Crystal Surfaces. The Journal of Physical Chemistry B, **1999**, 103: 2188-2194.

［67］Feng X J, Zhai J, Jiang L. The fabrication and switchable superhydrophobicity of TiO₂ nanorod films. Angew Chem Int Edit, **2005**, 44: 5115-5118.

［68］Gao L C, McCarthy T J. A perfectly hydrophobic surface ($\theta_A/\theta_R = 180°/180°$). J Am Chem Soc, **2006**, 128: 9052-9053.

［69］Sun T, Feng L, Gao X, et al. Bioinspired Surfaces with Special Wettability. Accounts of Chemical Research, **2005**, 38: 644-652.

［70］［德］C. 莱茵斯, M. 皮特尔斯, 编. 钛与钛合金. 陈振华, 等译. 北京: 化学工业出版社, 2005.

第3章

氟致超亲水原理及其稳定性

固体表面的浸润性主要取决于其表面粗糙度和表面化学成分[1~8]。

就表面化学成分而言，改变其组成的方法主要包括极性化学试剂修饰[9]、掺杂[10] 或外部刺激[11~14] 等。自从 Fujishima[12] 等在 1997 年报道了一种光致双亲的 TiO₂ 界面材料，通过光刺激来实现超亲水性能成为表面科学领域关注的热点，但是通过这种方法得到的超亲水材料，通常会在没有光照的情况下，丧失其亲水性能，从而大大限制其应用。2007 年 Howarter[11] 等报道了一种具有自清洁和防雾功能的玻璃，具体来说是通过一种氟的表面活性剂以及一种响应性的中间连接试剂来修饰玻璃，从而使玻璃具有很好的亲水性能。这种方法得到的超亲水材料，虽然具有很好的稳定性，但是需要利用到较为昂贵的化学试剂。同时，键接的过程也较为复杂，这些都将限制其实际应用。

另一方面，就表面粗糙度而言，则主要取决于材料表面的微纳结构。目前，增加表面粗糙度的方法主要包括阳极氧化[15]、刻蚀[16]、水热法[17] 等。2010 年，Vorobyev[16] 等通过激光刻蚀的方法制备了一种超亲水硅材料，这在精密电子器械领域有着很好的用途，但是这种方法对设备的要求非常严苛。2014 年，Rahman[18] 等通过生物模板法制备出了具有杰出亲水性能的表面，但该法操作步骤相对较为烦琐。

这里提出一种新颖的超亲水处理机理与方法：通过使用较为廉价的无机氟试剂，在阳极氧化或自由扩散的条件下，与氧化物界面发生反应，生成具有优异超亲水性能的氟氧化物层。这种方法适用于金属、类金属以及表面覆盖有金属的非金属材料，是一种稳定的、通用的超亲水处理技术，为后续的油水分离应用提供了良好的基础。

3.1
界面制备与理论分析

3.1.1　TiO₂ 纳米管岛状阵列的制备

Ti 箔先用抛光布进行抛光处理，然后分别在丙酮、乙醇以及去离子水中进行超声清洗，自然风干待用。阳极氧化在双电极系统[19,20] 中进行，用 Pb 片（3.2cm²）作阴极，用 Ti 箔作阳极，两极距离为 1.0cm，在 80V、20℃ 的条件下反应 6h，其中电解质的组成为 0.2% 的氟化铵，3.0% 的去离子水和 96.8% 的乙二醇。将纳米管阵列风干后，马上用双面胶将其剥离黏附到载玻片上，得到 TiO₂ 纳米管岛状阵列。

为了除去 TiO₂ 纳米管岛状阵列表面的氟元素，将样品在 300℃ 下煅烧

2h，同时保持其晶型不发生变化[21~23]。另外，为了进一步改变 TiO$_2$ 纳米管岛状阵列表面的氟元素含量，在阳极氧化的结尾以 1℃/min 的速度将电解质温度分别升高到 30℃、40℃ 以及 50℃，并保持 5min 使反应达到平衡，以改变 TiO$_2$ 管底的氟含量。

3.1.2　材料的氟氧化处理

氟氧化处理之前，金属箔片及载玻片分别在丙酮、乙醇以及去离子水中超声清洗并自然风干待用。Ti、Zn、Fe、Co 和 Ni 箔分别在双电极系统中进行氟氧化处理，两极距离为 2.0cm。电解质组成为 3.0% 的氢氟酸，8.0% 的去离子水以及 89.0% 的乙二醇，电解质温度保持为 20℃。各材料氟氧化参数如下：Ti（80V，8h）、Zn（40V，1h）、Fe（40V，3h）、Co（30V，2h）、Ni（40V，3h）。对于玻璃的氟氧化，将载玻片在 10.0% 的氢氟酸，2.0% 的氟化铵以及 88.0% 的去离子水组成的溶液中浸泡 2h。

3.1.3　相互作用力的计算

通过密度泛函理论（DFT）对氟氧化界面与水分子间的相互作用力进行量化计算。具体来说，采用 Quantum Espresso[24] 程序包进行相互作用力的计算，在 Perdew-Burke-Ernzerhof（PBE）框架中，采用模守恒赝势法，同时考虑范德华色散校正，截断能达到 80Ry，通过收敛来得到总能量，能量的收敛阈值（自洽）达到 10^{-3}（10^{-6}）。5×5×1 Monkhorst-Pack k-grid 用于样本在第一布里渊区结构弛豫和自洽电子计算。

根据以往的报道[25,26]，综合范德华色散校正的 PBE 赝势法将有助于提高计算精度。这里，用到一种有效的范德华色散校正 DFT-D。为了得到氟氧化界面与水分子之间的相互作用力 E_{HB}，分别计算氟氧化表面自由能 E_S，单独的水分子的能量 E_w 以及水分子与氟氧化表面作用在一起之后的总能量 E_{WS}，从而通过式(3-1) 得到相互作用力：

$$E_{HB} = E_S + E_w - E_{WS} \tag{3-1}$$

3.2
氟致超亲水起源

光致亲水性是 TiO$_2$ 材料一项非常重要的性质，自 1997 年被发现以来[12]，受到了广泛的关注[5,27~31]。TiO$_2$ 的光致亲水性是指其在紫外光照射下，由于表面产生光生空穴并捕获空气中的水分子[29]，从而产生亲水性的表面羟基的一种性质，在自清洁[30,31]、防雾[32] 等方面有着十分广泛的应用。但是，这种光致亲水性在无光条件下是不稳定的，因为其极性的表面羟基会被空气中的氧取代，从而丧失其亲水性[12,13,33] ［图 3-1（a）］。为了解决光致亲水性的稳定性问题，这里提出一种稳定的超亲水处理方法，即为氟致超亲水原理的起源。

图 3-1 **氟致超亲水原理**

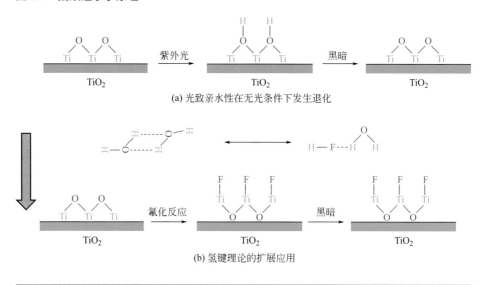

在已有的报道中[34,35]，已经知道在 Ti 的阳极氧化过程中，由于 F⁻ 和

界面的亲水特性的本质是界面物质的极性。如图 3-1（b）所示，水分子之间或者 HF 分子与水分子之间通常容易形成氢键，这也取决于分子中化学键的极性。如果将水分子中的—OH 用—F 代替，只要满足化学键的极性要求，分子间氢键同样存在，也就是说—OH 和—F 两种基团在一定条件下具有相类似的性质。在 TiO_2 中如果用—F 代替其光生表面—OH，同样可以形成亲水界面，并且由于 Ti—F 键的稳定性以及氟元素的强氧化性，—F 不会被空气中的 O 取代，从而保证其亲水性的稳定性。

3.3
氟致超亲水性的发现

在已有的报道中[34,35]，已经知道在 Ti 的阳极氧化过程中，由于 F⁻ 和

O^{2-} 迁移速率的差异，形成的 TiO_2 纳米管的底部会有一层含有氟氧化物甚至氟化物的富氟层（FRL），这层 FRL 是通过电压脉冲法制备通孔 TiO_2 的关键因素[36]，然而它究竟对浸润性有什么影响，则尚不清楚。

基于上述原因，设计了相关实验来验证管底富氟层对浸润性能的影响。如图 3-2(a) 所示，通过阳极氧化的方法，用 Ti 箔在含氟电解质中反应 6h，得到 TiO_2 纳米管阵列。然后通过双面胶带，将 TiO_2 纳米管阵列剥离并固定于基底上，得到 TiO_2 岛状阵列（TiIAs）（样品一）。于是得到以下结果：①通过电子显微镜分析，可以得知 TiIAs 界面由 200nm 左右的岛状体构成，并且这些岛状阵列排列较为均匀；②通过元素图谱分析，氟元素在 TiIAs 界面上分布均匀；③通过测量其接触角，发现该界面的接触角约为 3°，具有很好的超亲水性能。为了去除界面氟化物的影响，采用 300℃煅烧 2h 的方法来除去界面氟化物而不改变 TiO_2 的晶型和形貌[21,23]，得到样品二。测量该界面的接触角，发现由煅烧前的 3°变成了 65°，丧失了原有的超亲水性能。

图 3-2　**氟致超亲水性的发现**

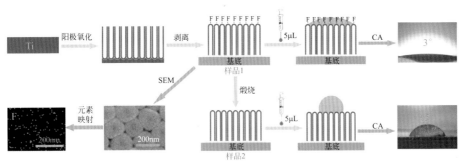

(a) TiO_2 纳米管岛状阵列的制备及亲水性表征

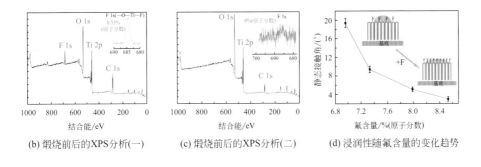

(b) 煅烧前后的 XPS 分析(一)　　(c) 煅烧前后的 XPS 分析(二)　　(d) 浸润性随氟含量的变化趋势

固体表面的浸润性能主要取决于表面粗糙度和表面化学成分两个部分。表面粗糙度在煅烧前后变化甚微，而就表面化学成分而言，表面羟基[29,37]和有机污染物[38]都对 TiIAs 界面具有显著的影响。为了进一步研究煅烧前后浸润性能发生变化的内在因素，重点分析 TiIAs 界面的氟化物（F）、表面羟基（O）以及界面有机物（C）对浸润性能的影响。如图 3-2 所示，依次分析 F、O、C 三种元素在煅烧前后的变化情况。从图 3-2(b) 中可知，TiIAs 界面主要由 Ti、F、O 以及 C 四种元素组成，F 1s 峰位约在 684.5eV，这是氟氧化物或表面氟元素的特征峰[39]，含量为 8.53%（原子分数）。煅烧之后，氟元素被完全除去 [如图 3-2(c) 所示]。煅烧过程中，TiIAs 界面的少量结合水以及表面羟基基团可能会受到影响，如图 3-3 所示，煅烧前后的结合水和表面羟基变化甚微，基本可以排除其对 TiIAs 界面浸润性的影响。然而在煅烧之后，TiIAs 界面的有机污染物会有部分分解，这会对界面浸润性有促进作用。通过以上分析可以初步得出结论：界面氟元素对其浸润性能有非常重要的促进作用，并且氟元素主要以氟氧化物的形式存在。煅烧前后有机污染物的降解原本会促进界面的亲水性，而在此亲水性却发生了退化，这从反面验证了此结论。

图 3-3　TiO$_2$ 纳米管岛状阵列煅烧前后的 O 1s 和 C 1s 分析

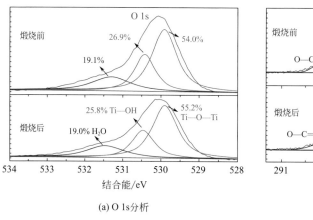

(a) O 1s分析

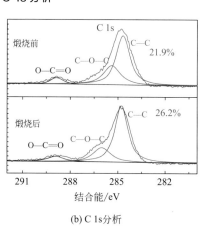

(b) C 1s分析

研究发现，在阳极氧化中提高电解质的温度可以增加 TiO$_2$ 纳米管底部的氟含量[36]。为了进一步验证氟致超亲水性，通过这种方法来改变 TiIAs 界面的氟氧化物含量，从而研究表面浸润性随氟含量的变化趋势。如图 3-2(d)

所示，将界面氟含量从 7％（原子分数）逐渐增加到 8.53％（原子分数），界面接触角从 20°减小到 3°，界面氟含量与接触角呈现反相关，也就是说，这里进一步证明了 TiIAs 界面氟氧化物含量对 TiIAs 的亲水性具有促进作用。

3.4
氟致超亲水原理（FIS）的提出

众所周知，利用低表面能的含氟表面活性剂制备超疏水材料是一种应用非常广泛的疏水化技术[40]，其中应用最多的有全氟硅烷，这主要取决于它的低表面能和稳定性。氟化之后，氟碳键充当末端基团，正因为氟碳键的弱极性，所以其与水分子之间仅存在较弱的范德华力，这就是其疏水化的本质。

时至今日，氟化技术有了长足的发展。2008 年，Yang[39] 等利用含氟试剂处理锐钛矿型 TiO_2，使活性最高的（001）面暴露出来，这为设计高效的催化剂提供了思路[41,42]。2013 年，Shi[43] 等用氟掺杂 TiO_2 来调控其电子能带结构。同年，用氟处理石墨烯能显著提高其电化学性能[44] 和物理性能[45] 的报道也得到了普遍的关注。氟处理技术作为一种通用的化学处理技术，将在未来受到更为广泛的关注。

由此可在 TiO_2 氟致超亲水性的基础上，提出一种新颖、廉价而又通用的氟致超亲水原理（fluorine-induced superhydrophilicity, FIS）。如图 3-4 所示，(a) 为传统的氟化疏水过程，通过氟硅烷对界面进行修饰，得到含有—CF_3 末端基团的疏水界面。与之相对应，在氟致超亲水过程中［图 3-4(b)］，界面（M 指金属或类金属元素）先通过氧化反应，形成稳定的氧化物网络，再通过氟化反应，使氟原子局部取代氧原子，生成稳定的氟氧化物层，形成—O—M—F 形式的末端基团。由于 F 原子具有很强的电负性，当其与电负性较弱的 M 原子相连时，使 M—F 键具有较强的极性，电子云会显著地偏向于 F 原子，当水分子中的 H 原子靠近 F 原子时，F 原子外层额外的电子会提供给缺电子的 H 原子，从而形成较强的氢键作用。但是，大多数的氟化物都易溶于水，这不利于形成超亲水界面，所以先通过氧化反应形成一个稳定的氧化物网络，将 M—F 基团稳定在氧化物体系中。这样，得到的氟氧化物层不仅具有较强的极性，也有较好的稳定性，最终得到超亲水界面。Albu[34] 在 2008 年的报道从另一个侧面支撑了氟氧化物层具有较强稳定性的观点。

图 3-4 **传统的氟化疏水处理过程与氟致超亲水理论的形成过程**

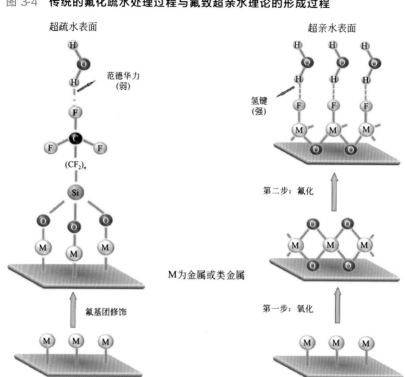

超疏水表面

范德华力（弱）

$(CF_2)_n$

M为金属或类金属

氟基团修饰

(a) 传统的超疏水氟处理

超亲水表面

氢键（强）

第二步：氟化

第一步：氧化

(b) 氟致超亲水处理过程

同时，由于氟试剂的强腐蚀性，在氟化反应过程中，常常伴随微纳结构的产生，这将进一步增强界面的亲水浸润性能[7]。值得注意的是，与传统氟化过程使用的昂贵含氟表面活性剂相比，氟氧化过程主要使用较为廉价的含氟离子（或氟原子）的试剂。而且，为了实现氟原子局部取代氧原子，一定要控制氟化过程的反应速率，否则一旦完全取代，将会形成易溶于水的氟化物，这不利于形成稳定的超亲水界面。

3.5
相互作用力的计算

计算化学是一种有效的实验辅助手段，为了进一步证明氟致超亲水理论的合理性和科学性，可以通过密度泛函理论（DFT）对氟氧化界面与水分子间的相互作用力进行量化计算。

　　氟致超亲水性主要源自于 F 原子与其直接相连的 M 原子的电负性的巨大差异。因此只要 M 原子的电负性低于某一临界值，则均可以形成超亲水界面。基于以上理论，为拓宽 FIS 的应用范围，将金属、类金属、非金属均考虑在内。计算过程中，选取 Ti、Zn、Fe、Co、Ni、Si 和 C 等具有代表性的七种元素，这些元素的电负性（Allen 值[46]）从 1.38 逐渐增大到 2.54。并用 $CF_3(CF_2)_6Si(OC_2H_5)_3$（FAS[40]，一种常用的疏水化试剂）代替 C 的氟化物。相应地，根据以往的报道[29,47]，用羟基化 TiO_2（TiO_2-OH）作为超亲水界面参照［图 3-5(b)］。计算模型如图 3-5、图 3-6 所示。

图 3-5　**氟氧化和羟基化 TiO_2 界面与水分子间作用力的计算模型图**

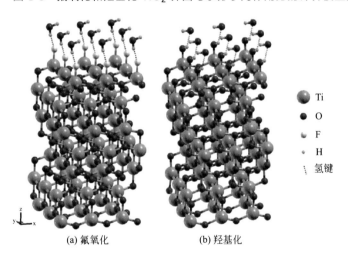

⬤	Ti
●	O
◍	F
•	H
⋮	氢键

(a) 氟氧化　　　　(b) 羟基化

　　经过计算显示，从 Ti 到 C，随着电负性的增加，氟氧化界面与水分子间的作用力从 26.16kJ/mol 减小到 5.47kJ/mol。如图 3-7 所示，阴影区域为氢键能量区域，大多数氢键的能量都在此范围内，圆点为羟基化 TiO_2 界面与水分子之间的键能大小，为超亲水界面的标记点。由此可以得出以下结论：①氟氧化金属界面与水分子都能形成较强的氢键作用，从而形成超亲水界面；②非金属元素（如 C）由于电负性较大，与 F 元素电负性相差不大，因此氟（氧）化非金属界面与水分子间的相互作用力较弱，无法形成超亲水界面；③氟氧化类金属（如 Si）界面与水分子间相互作用力则介于金属与非金属之间，力的大小在趋近于氢键范围，有望形成超亲水界面。对 Si 的这一结论也

图 3-6 氟氧化不同材料界面与水分子间作用力的计算模型图

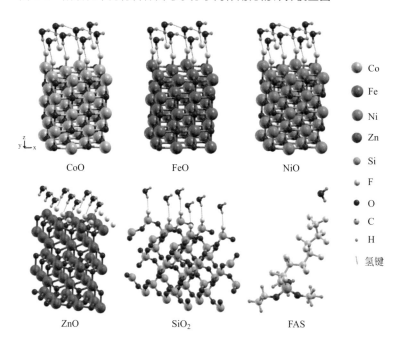

图 3-7 氟氧化界面与水分子间作用力随元素电负性变化趋势图

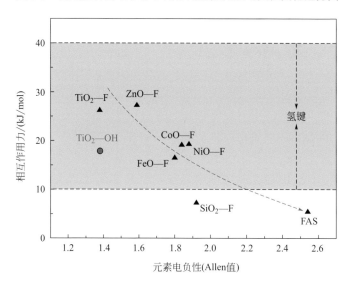

有相关的报道作为支持[48]。同时，从整个变化趋势来看，大体遵循元素电负性越小，其氟氧化界面与水分子间的作用力越大这一规律。虽然有元素（如 Fe、Co 和 Ni）由于原子成键方式、晶格参数不同而偏离这一趋势，但总的变化趋势是与预期相符的，由此可证明此氟致超亲水原理的合理性与科学性。

3.6
FIS 在不同材料中的实际应用

为提升氟致超亲水原理的实际意义，分别将 FIS 应用于不同材料上，选择 Ti、Zn、Fe、Co、Ni 以及玻璃片（SiO_2）这六种材料，也就是计算中涉及的六种材料。FAS 作为碳的氟化物，已经通用于疏水化处理，与理论相符，就不再进行相关实验。

图 3-8 为 FIS 在不同材料中的应用。从图 3-8(a) 可知，反应后的 Zn/Co 界面，形成微纳复合的多重微观结构，最有利于形成超亲水界面，因此接触角均为 0°。反应之后，Ti/Fe/Si 均形成纳米结构，这也将进一步增强材料表

图 3-8　FIS 在不同材料中的应用

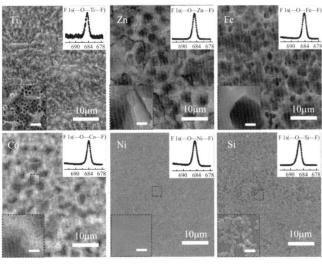

(a) 不同材料的SEM图和F 1s峰
插图中横坐标单位为eV

图 3-8

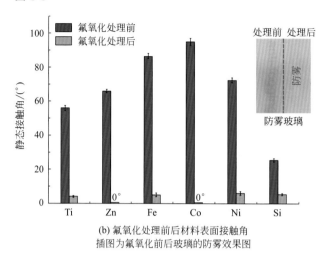

(b) 氟氧化处理前后材料表面接触角
插图为氟氧化前后玻璃的防雾效果图

面的亲水性能。而对于 Ni，反应之后表面非常平整，但其接触角也接近 5°，这纯粹依托于其表面化学组成，也就是氟氧化物层的作用，这也是 FIS 最直接的证明。同时，从 F 1s 的峰位来看，基本都位于 684.5eV 左右，即氟氧化物或表面氟化物的特征峰。也就是说经过氟氧化处理之后，表面均形成亲水的氟氧化物甚至氟化物层。从图 3-8(b) 可以看出，氟氧化处理前，材料的静态接触角为 25°到 75°不等，经过氟氧化处理，全部材料都达到超亲水程度，Zn 和 Co 的静态接触角甚至达到 0°，同时，氟氧化玻璃具有很好的亲水防雾特性。因此，FIS 能很好地应用于金属甚至类金属的亲水处理。

微纳结构的存在，会进一步促进表面的表观浸润性，这种现象可以通过 Wenzel 模型[49] 进行解释，如式(3-2) 所示：

$$\cos\theta_1 = r\cos\theta \tag{3-2}$$

式中，θ_1 和 θ 分别为粗糙表面和平整表面的接触角；r 为粗糙度因子，定义为表面实际表面积与截面积之比，$r>1$。对于亲水材料来说，$r>1$，$\cos\theta_1 > \cos\theta$，所以 $\theta_1 < \theta$。

用 SPM 对各个样品进行粗糙度分析。如图 3-9 所示，不同材料表面呈现出不同的粗糙度，但总的来说，其 SPM 图基本与 SEM 图相对应。值得注意的是，在 SEM 下为平整表面的 Ni，也呈现出一定的表面结构，这主要是由于 SPM 对表面起伏比较敏感，从而具有较高的灵敏度所致。进一步统计各材料表面的粗糙度因子，如表 3-1 所示。

图 3-9　**氟氧化处理后不同材料表面的 SPM 分析**

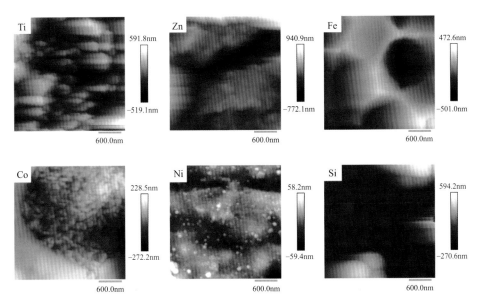

表 3-1　各材料表面的粗糙度因子 r（$3\mu m \times 3\mu m$）

样品	Ti	Zn	Fe	Co	Ni	Si
表面积/μm^2	18.5	14.4	10.8	11.6	9.30	11.2
截面积/μm^2	8.93	8.93	9.00	8.89	8.86	8.89
粗糙度因子	2.07	1.61	1.20	1.30	1.05	1.26

　　从表 3-1 中可以看出，表面氟氧化后粗糙度因子有了显著的提高，从而促进表面的亲水性，这是氟致超亲水的辅助层面。值得一提的是，Ti 的氟氧化表面由纳米管结构构成，粗糙度因子可以达到 2.07，但接触角却不能达到 0°，这是因为 TiO_2 纳米管的底部是封闭的，从而使管内存有空气，当水滴在表面铺展的时候，无法完全渗入纳米管内，达到理想的 Wenzel 状态，所以接触角不能达到 0°。

　　至此可以得出一个结论：氟氧化表面的浸润性决定于表面的氟氧化物，同时通过表面的微纳结构进一步增强。这就是氟致超亲水原理的完整内容。

3.7
FIS 的稳定性

稳定性是一种衡量材料性能优劣的重要指标，因此有必要对材料亲水性能的稳定性进行阐述。这里分别从贮存和受热两个方面对氟致超亲水性进行稳定性评价。

3.7.1 贮存稳定性

在亲水界面材料的贮存过程中，常常由于其对空气中某些物质的吸附，而使其丧失原有的亲水性能。将氟氧化界面在干燥、无尘的环境中贮存 2 个月，然后测量其静态接触角并与之前进行对比。如图 3-10 所示，贮存后，Ti、Ni 氟氧化界面的浸润性发生轻微的退化，但是整体都维持在超亲水的范围之内，表现出较好的稳定性。这将为其应用提供更好的保障。

图 3-10　氟氧化处理后不同材料亲水性的贮存稳定性

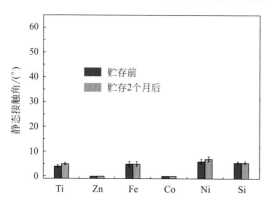

为了探究贮存过程中表面氟氧化物的变化情况，取 Ti 的氟氧化表面为研究对象进行深入的研究。Ti 箔氟氧化处理的本质是阳极氧化，得到的是 TiO_2 纳米管阵列，用 XPS 对贮存前后的样品进行分析。

首先分析各种元素在 TiO_2 纳米管（TiNTs）界面深度上的分布特点，

这里采用 Ar^+ 进行刻蚀。如图 3-11 所示，TiNTs 主要由 Ti、O、C、F 等四种元素组成，在最开始的 50s 内，C 元素会发生显著的降解，这些 C 主要是由于阳极氧化过程中，以有机物（乙二醇）为主体的电解质在高外加电压下发生分解而造成的[50,51]。同时，主体元素 Ti 会有明显的增加，这可以理解为是为了平衡由于 C 减少导致正电荷的减少。最值得注意的是，在刻蚀的前 100s 内，F 含量基本处于上升状态，这是由于在纳米管管口处，接触 F^- 的概率更大，氟化反应速度快，很容易形成溶于水的 TiF_6^{2-}，而在 TiNTs 内部，反应速率相对较平缓，可以形成 TiF_4 积累在内部，因此 F 含量由表及里会有一个上升的趋势，表面氟化物以氟氧化物的形式存在，而内部氟化物则包含氟氧化物和氟化物。O 的分布基本保持不变。

图 3-11　**TiO₂ 纳米管表面元素的深度剖析**

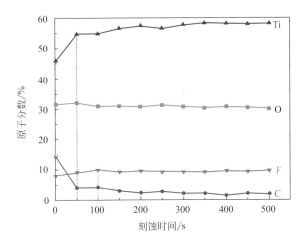

将样品在干燥无尘的室内环境中贮存两个月，对贮存前后的样品分别进行 XPS 表面成分分析和静态接触角测试。如图 3-12 所示，贮存之后，位于 688.1eV 的 F 1s 峰去除了。根据文献报道[52]，688.1eV 的 F 1s 峰是 F^-（这里以 TiF_4 的形式存在）的特征峰，位于 TiNTs 界面的内部，这与 XPS 深度剖析的结论是一致的。在贮存过程中，TiF_4 在贮存的过程中会慢慢失去，而氟氧化物由于具有很好的稳定性，在贮存前后含量几乎不变。通过接触角的测量，发现界面的浸润性也几乎没有变化，这是因为界面浸润性主要由表面稳定的氟氧化物决定。由此可知，氟致超亲水 TiNTs 界面在贮存条件下具有很好的稳定性。

图 3-12　贮存前后 TiO$_2$ 纳米管表面的 F 1s 峰变化

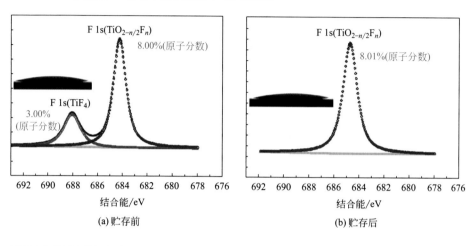

(a) 贮存前

(b) 贮存后

　　在阳极氧化过程中，反应按式（3-3）～式（3-6）进行。首先，通过反应式（3-3）和式（3-4）的反复进行，使 TiO$_2$ 的生成和溶解达到平衡，形成 TiO$_2$ 纳米管[51]。然后，随着电解质中 F$^-$ 浓度的降低，其溶解 TiO$_2$ 的能力下降，反应按式（3-5）进行，得到界面氟氧化物 [如图 3-12（b）中峰所示]。而在 TiO$_2$ 的内层，由于 F$^-$ 到达的概率远远低于外层，反应过程相对较为迟缓，反应按式（3-6）进行并伴随着 TiF$_4$ 在内层的积累 [如图 3-12（a）所示]。

　　TiNTs 界面在贮存的过程中，内部的 TiF$_4$ 会与结合水缓慢地发生反应 [如式（3-7）所示]，生成易挥发的 HF，从而使 688.1eV 处的峰消失，而表面的氟氧化物以及由其所决定的亲水性具有很高的稳定性。

$$\mathrm{Ti} + 2\mathrm{H_2O} \longrightarrow \mathrm{TiO_2} + 4\mathrm{H^+} + 4\mathrm{e^-} \tag{3-3}$$

$$\mathrm{TiO_2} + 6\mathrm{F^-} + 4\mathrm{H^+} \longrightarrow \mathrm{TiF_6^{2-}} + 2\mathrm{H_2O} \tag{3-4}$$

$$\mathrm{TiO_2} + n\mathrm{F^-} + n\mathrm{H^+} \longrightarrow \mathrm{TiO_{2-n/2}F_n} + n/2\ \mathrm{H_2O} \tag{3-5}$$

$$\mathrm{TiO_2} + 4\mathrm{F^-} + 4\mathrm{H^+} \longrightarrow \mathrm{TiF_4} + 2\mathrm{H_2O} \tag{3-6}$$

$$\mathrm{TiF_4(s)} + 2\mathrm{H_2O(l)} \longrightarrow \mathrm{TiO_2(s)} + 4\mathrm{HF(g)} \tag{3-7}$$

3.7.2　受热稳定性

　　超亲水界面应用范围涵盖沸腾传热[53] 到自清洁[30] 等多个领域，其热稳定性也是一个重要的研究课题。这里，从加热炉加热的角度对界面氟氧化物的分解特性进行研究，在了解其热稳定性的情况下，以试图找出该亲水界面合适的温度应用范围。

图 3-13 展示了氟致超亲水 TiNTs 界面在加热炉加热至 $100\sim300\text{℃}$ 条件下的分解特性。在未加热前，氟原子分数为 8.01%，在 100℃ 条件下加热 2h，氟原子分数降到 7.16%，继续升高加热温度，氟氧化物分解较为明显，到 300℃ 时，氟氧化物分解彻底。

图 3-13 **TiNTs 界面氟氧化物的受热分解图**
插图为表面静态接触角

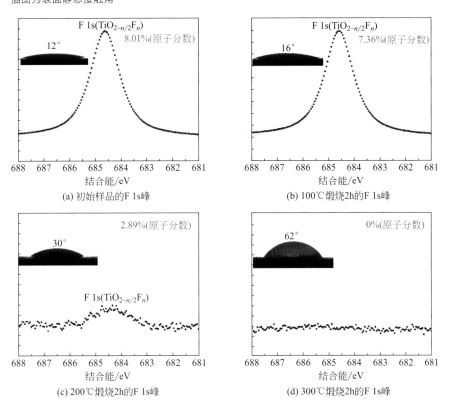

(a) 初始样品的 F 1s 峰
(b) 100℃煅烧2h的 F 1s 峰
(c) 200℃煅烧2h的 F 1s 峰
(d) 300℃煅烧2h的 F 1s 峰

就界面的浸润性而言，如图 3-13 所示，随着氟含量的降低，静态接触角从 $12°$ 增大到 $62°$，亲水性发生显著退化。这不仅为氟致亲水性的应用提供了依据，即氟致超亲水性的稳定的温度范围为 100℃ 以内，也预示着可以通过加热除去界面 F 的方法，在一定范围内调节界面的浸润性。

3.8
氟致超亲水原理的拓展

氟致超亲水原理是基于化学键极性而提出来的，同时为了解决表层极性氟化物的水溶性问题，采用稳定的氧化物网络结构来稳定表面氟基团，从而形成氟致超亲水原理。因此，可以进一步在理论上提出：在材料表面形成—X—M—Y（X＝O、S、N 等，M＝金属或类金属，Y＝F、Cl 等），都可能形成亲水界面，也都属于氟致超亲水的范畴。

从 TiO₂ 纳米管底部的富氟层（FRL）入手，可发现 FRL 中的氟含量对其亲水性有着决定性的影响，在此基础上提出一种新颖的、通用的表面处理方法——氟致超亲水法，即在材料表面构筑—O—M—F（M 为金属或类金属原子）基团，就可实现表面的超亲水性。通过密度泛函理论（DFT）对经过 FIS 处理的 Ti、Zn、Fe、Co、Ni、Si（用玻璃代替）界面与水分子之间的相互作用力进行精确计算，结果表明在界面与水分子之间会形成较强的氢键作用力，从而使界面呈现超亲水性能。并通过实验验证 FIS 处理的 Ti、Zn、Fe、Co、Ni、Si 材料界面的超亲水效果，结果非常理想。

通过 XPS 分析对氟致超亲水原理的贮存稳定性和受热稳定性进行深入的分析。结果表明，氟致超亲水表面在贮存条件下具有很好的稳定性，并能承受 100℃ 左右的高温，这对其应用具有十分重要的意义。

氟致超亲水原理的升华理论在于：在材料表面形成—X—M—Y，都可能形成亲水界面，也都属于氟致超亲水的范畴。可以预见，氟致超亲水原理将在后续的油水分离应用中体现其非常重要的价值。

参考文献

[1] 陈粤. TiO₂ 纳米管阵列界面制备与功能应用. 广州：中山大学，2011.

[2] 罗智勇. 基于化学键极性的氟致超亲水原理及其油水分离应用. 广州：中山大学，2017.

[3] 江雷，冯琳. 仿生智能纳米界面材料. 北京：化学工业出版社，2007.

[4] Noda I. Latex elastomer with a permanently hydrophilic surface. Nature，**1991**，350：143-144.

[5] Drelich J，Chibowski E，Meng D D，et al. Hydrophilic and superhydrophilic surfaces and materials. Soft Matter，**2011**，7：9804-9828.

［6］Wang S，Liu K，Yao X，et al. Bioinspired surfaces with superwettability：New insight on theory，design，and applications. Chem Rev，**2015**，115：8230-8293.

［7］Tian Y，Jiang L. Wetting：Intrinsically robust hydrophobicity. Nat Mater，**2013**，12：291-292.

［8］Jaroslaw L，Emil C. Superhydrophilic and superwetting surfaces：definition and mechanisms of control. Langmuir，**2010**，26：18621-18623.

［9］Zhang J，Han Y. Active and responsive polymer surfaces. Chem Soc Rev，**2010**，39：676-693.

［10］Asahi R，Morikawa T，Irie H，et al. Nitrogen-doped titanium dioxide as visible-light-sensitive photocatalyst：designs，developments，and prospects. Chem Rev，**2014**，114：9824-9852.

［11］Howarter J A，Youngblood J P. Self-cleaning and anti-fog surfaces via stimuli-responsive polymer brushes. Adv Mater，**2007**，19：3838-3843.

［12］Wang R，Hashimoto K，Fujishima A，et al. Light-induced amphiphilic surfaces. Nature，**1997**，388：431-432.

［13］Lim H S，Kwak D，Lee，D Y，et al. UV-driven reversible switching of a roselike vanadium oxide film between superhydrophobicity and superhydrophilicity. J Am Chem Soc，**2007**，129：4128-4129.

［14］Liu K，Cao M，Fujishima A，et al. Bio-inspired titanium dioxide materials with special wettability and their applications. Chem Rev，**2014**，114：10044-10094.

［15］Lai Y K，Tang Y X，Huang J Y，et al. Bioinspired TiO_2 nanostructure films with special wettability and adhesion for droplets manipulation and patterning. SCI REP-UK，**2013**，3：3009.

［16］Vorobyev A Y,Guo C. Laser turns silicon super wicking. Optics Express，**2010**，18（7）：6455-6460.

［17］Yuan J，Liu X，Akbulut O，et al. Superwetting nanowire membranes for selective absorption. Nat Nanotechnol ，**2008**，3：332-336.

［18］Rahman M M，Olceroglu E，McCarthy M. Role of wickability on the critical heat flux of structured superhydrophilic surfaces. Langmuir **2014**，30：11225-11234.

［19］Chen Y，Wang，X M，Lu S S，et al. Formation of titanium oxide nanogrooves island arrays by anodization. Electrochem Commun，**2010**，12：86-89.

［20］Chen Y，Lu H H，Wang X M，et al. Large-scale sparse TiO_2 nanotube arrays by anodization. J Mater Chem，**2012**，22：5921-5923.

［21］Albu S P，Tsuchiya H，Fujimoto S，et al. TiO_2 nanotubes-annealing effects on detailed morphology and structure. Eur J Inorg Chem，2010：4351-4356.

［22］Roy P，Kim D，Lee K，et al. TiO_2 nanotubes and their application in dye-sensitized solar cells. NANOSCALE，**2010**，2：45-59.

［23］Fang D，Luo Z P，Huang K L，et al. Effect of heat treatment on morphology，crystalline structure and photocatalysis properties of TiO_2 nanotubes on Ti substrate and freestanding membrane. Appl Surf Sci，**2011**，257：6451-6461.

[24] Giannozzi P, Baroni S, Bonini N, et al. Quantum Espresso: a modular and open-source software project for quantum simulations of materials. J Phys Condens Matter, **2009**, 21: 395-502.

[25] Ireta J, Neugebauer J, Scheffler M. On the accuracy of DFT for describing hydrogen bonds: Dependence on the bond directionality. The Journal of Physical Chemistry A, **2004**, 108: 5692-5698.

[26] Whyte S A, Mosey N J. Behavior of two-dimensional hydrogen-bonded networks under shear conditions: A first-principles molecular dynamics study. The Journal of Physical Chemistry C, **2015**, 119: 350-364.

[27] Kim do H, Jung M C, Cho S H, et al. UV-responsive nano-sponge for oil absorption and desorption. SCI REP-UK, **2015**, 5: 12908.

[28] Lai Y, Huang J, Cui Z, et al. Recent advances in TiO_2-based nanostructured surfaces with controllable wettability and adhesion. Small, **2016**, 12: 2203-2224.

[29] Wang D, Liu Y, Liu X, et al. Towards a tunable and switchable water adhesion on a TiO_2 nanotube film with patterned wettability. Chem Commun, **2009**: 7018.

[30] Banerjee S, Dionysiou D D, Pillai S C. Self-cleaning applications of TiO_2 by photo-induced hydrophilicity and photocatalysis. "Appl. Catal., B", **2015**: 176-177, 396-428.

[31] Meng J, Zhang P, Zhang F, et al. A self-cleaning TiO_2 nanosisal-like coating toward disposing nanobiochips of cancer detection. ACS Nano, **2015**, 9: 9284-9291.

[32] Chen Y, Zhang Y, Shi L, et al. Transparent superhydrophobic/superhydrophilic coatings for self-cleaning and anti-fogging. Appl Phys Lett, **2012**, 101: 033701.

[33] Liu Y, Lin Z, Lin W, et al. Reversible superhydrophobic-superhydrophilic transition of ZnO nanorod/epoxy composite films. ACS Appl. Mat. Interfaces, **2012**, 4: 3959-3964.

[34] Albu S P, Ghicov A, Aldabergenova S, et al. Formation of double-walled TiO_2 nanotubes and robust anatase membranes. Adv. Mater, **2008**, 20: 4135-4139.

[35] Habazaki H, Fushimi K, Shimizu K, et al. Fast migration of fluoride ions in growing anodic titanium oxide. Electrochem Commun, **2007**, 9: 1222-1227.

[36] Luo Z Y, Mo D C, Lu S S. The key factor for fabricating through-hole TiO_2 nanotube arrays: a fluoride-rich layer between Ti substrate and nanotubes. J Mater Sci, **2014**, 49: 6742-6749.

[37] Caputo G, Cortese B, Nobile C, et al. Reversibly light-switchable wettability of hybrid organic/Inorganic surfaces with dual micro-/nanoscale roughness. Adv Funct Mater, **2009**, 19: 1149-1157.

[38] Antony R P, Mathews T, Dash S, et al. Kinetics and physicochemical process of photoinduced hydrophobic↔superhydrophilic switching of pristine and N-doped TiO_2 nanotube arrays. The Journal of Physical Chemistry C, **2013**, 117: 6851-6860.

[39] Yang H G, Sun C H, Qiao S Z, et al. Anatase TiO_2 single crystals with a large percentage of reactive facets. Nature, **2008**, 453: 638-641.

[40] Lai Y K, Tang Y X, Gong J J, et al. Transparent superhydrophobic/superhydrophilic TiO_2-based coatings for self-cleaning and anti-fogging. J Mater Chem, **2012**, 22: 7420-7426.

[41] Ma X Y，Chen Z G，Hartono S B，et al. Fabrication of uniform anatase TiO_2 particles exposed by {001} facets. Chem Commun，**2010**，46：6608-6610.

[42] Yu J，Low J，Xiao W，et al. Enhanced photocatalytic CO_2-reduction activity of anatase TiO_2 by coexposed {001} and {101} facets. J Am Chem Soc，**2014**，136：8839-8842.

[43] Shi F，Baker L R，Hervier A，et al. Tuning the electronic structure of titanium oxide support to enhance the electrochemical activity of platinum nanoparticles. Nano Lett，**2013**，13：4469-4474.

[44] Meduri P，Chen H H，Xiao J，et al，Tunable electrochemical properties of fluorinated graphene. Journal of Materials Chemistry A，**2013**，1：7866-7869.

[45] Samanta K，Some S，Kim Y，et al. Highly hydrophilic and insulating fluorinated reduced graphene oxide. Chem Commun，**2013**，49：8991-8993.

[46] Allen L C. Electronegativity is the average one-electron energy of the valence-shell electrons in ground-state free atoms. J Am Chem Soc，**1989**，111：9003-9014.

[47] Emeline A V，Rudakova A V，Sakai M，et al. Factors affecting UV-induced superhydrophilic conversion of a TiO_2 surface. The Journal of Physical Chemistry C，**2013**，117：12086-12092.

[48] Yao L，He J. Multifunctional surfaces with outstanding mechanical stability on glass substrates by simple H_2SiF_6-based vapor etching. Langmuir，**2013**，29：3089-3096.

[49] Liu M J，Jiang L. Switchable adhesion on liquid/solid interfaces. Adv Funct Mater，**2010**，20：3753-3764.

[50] Albu S P，Schmuki P. TiO_2 nanotubes grown in different organic electrolytes：Two-size self-organization，single vs. double-walled tubes，and giant diameters. PHYS STATUS SOLIDI-R，**2010**，4：215-217.

[51] Roy P，Berger S，Schmuki P. TiO_2 nanotubes：synthesis and applications. Angew. Chem. Int. Ed. ，**2011**，50：2904-2939.

[52] Yu J C，Yu，Ho，et al. Effects of F-doping on the photocatalytic activity and microstructures of nanocrystalline TiO_2 powders. Chem Mater，**2002**，14：3808-3816.

[53] Jo H，Yu D I，Noh H，et al. Boiling on spatially controlled heterogeneous surfaces：Wettability patterns on microstructures. Appl Phys Lett，**2015**，106：181602.

Fluorine-Induced Superhydrophilicity Principles and Applications

氟致超亲水原理及应用

第4章

氟致超亲水泡沫钛
在乳液分离中的应用

在当下工业飞速发展的背景下，含油污水的处理受到广泛的关注[1~4]。如何高效地处理含油污水是环保工作者们研究的重要内容。重力作用下利用超亲水多孔材料进行油水分离具有传统膜材料和超疏水材料所不具备的优势[5]：第一，节能，传统的膜材料为了实现高效的油水分离，通常需要外加一定的压力推动分离过程的进行，而超亲水材料可以单纯依靠重力作用进行油水分离。第二，膜堵塞，对于传统膜材料，由于孔径小，很容易发生堵塞现象；而对于超疏水材料，由于油水分离过程中是油相通过而水相被截留，当油的黏度较大时，堵塞也很容易发生，严重影响分离效率。第三，膜污染，超亲水材料的优势在于只允许水相通过，而油相无法靠近膜材料表面，这就解决了膜污染的问题。同时，由于大多数油的密度都比水小，在油水混合物中的油层会浮在水层表面，这对超亲水油水分离也是有利的。

按基材的种类来分，超亲水膜材料可以分为金属网材料[6,7]、多孔泡沫材料[8,9]、纺织物材料[10]、电纺丝材料、聚合物膜材料[11,12]等，其中研究最多的为金属网材料[5,6]。多孔泡沫材料具有孔隙率高、密度较低、制备工艺完善等优点，是一种理想的超亲水油水分离基材。泡沫钛材料不仅具有一般金属泡沫材料的优点，同时还具有无毒、环保等优势，更适合用于超亲水油水分离。近年来，利用超亲水泡沫钛进行油水分离的研究屈指可数。2015年，Li等[9]通过对泡沫钛进行阳极氧化生成TiO_2纳米管，然后通过煅烧得到本征亲水的泡沫钛，该材料具有很好的油水分离特性，同时在紫外光下还具有自清洁和降解有机污染物的效果。这一工作对泡沫钛在油水分离中的应用具有开创性的意义，但是也存在几点不足：首先，利用TiO_2在煅烧情况下的本征亲水性来进行油水分离，但这种本征亲水性并不稳定；其次，TiO_2纳米管的结构并不是超亲水材料的最佳选择，因为纳米管的底部是闭合的，管中会存有一部分空气，使水无法完全浸润，从而达不到很好的亲水效果。

这里以氟致超亲水原理为基础，结合已有超亲水泡沫钛的不足之处，阐述氟致超亲水泡沫钛在乳液分离中的应用。

4.1
表征方法

氟氧化处理之前，泡沫钛（3cm×3cm）先后在去离子水、乙醇、去离子水中进行超声清洗，除去污染物并自然风干。氟氧化在双电极系统中进行，用Ti片（3cm×3cm）作阴极，用泡沫钛作阳极，两极距离为1.5cm，在45V、20℃的条件下反应8h，其中电解质的组成为0.37%的氟化铵，18.00%的去离子水和 81.63% 的乙二醇。制备完成后，用去离子水冲洗，并自然风干。

液滴试验中，材料表面的静态接触角和动态水滴效果是通过 5μL 的水滴在表面上的铺展及渗透来表征的，这个过程通过高速摄像机（Vision Research Phantom V.211）在 3000 帧/秒的速率下进行记录。同时，水下油接触角、滚动接触角和黏附效应是用微量进样器的针头来操控 5μL 油滴并用高速相机记录的。

4.1.1　油水分离性能表征

选用正己烷、异辛烷、石油醚、对二甲苯以及煤油等五种油作为样本，用 1g 油与 60g 水混合并在 80kHz 下超声 5min，得到乳液待用。将超亲水泡沫钛置于带有法兰的两根石英管中并紧固密封，乳液在重力作用下经过泡沫钛进行分离。

分离后的水样（60mL）先用 1mol/L 的盐酸酸化到 pH＝1～2，然后加入 2gNaCl 去乳化。用 40mL 四氯化碳分两次进行萃取，萃取之后得到的四氯化碳用无水硫酸钠干燥，最后用红外测油仪（OIL-8，China）测量油含量。

4.1.2　防腐蚀性能表征

将超亲水泡沫钛分别置于 1mol/L 的氢氧化钠、1mol/L 的盐酸以及 10% 的氯化钠溶液中，并测量水下油接触角随时间的变化。其次，还表征超亲水泡沫钛对含油腐蚀性乳液的分离效率。最后，将 100mg 超亲水泡沫钛浸置于各 20mL 1mol/L 的氢氧化钠、1mol/L 的盐酸以及 10% 的氯化钠溶液中，分别于 2h 和 8h 后取样，并用原子发射光谱(aES，Optima 8300)测量溶液中钛离子的浓度。

4.2
氟致超亲水泡沫钛的制备

如图 4-1 所示，将泡沫钛在含有 F⁻ 和水的电解质中进行阳极氧化，得到表面含有—O—Ti—F 亲水基团的泡沫钛，同时由于 F⁻ 的腐蚀作用，会在泡沫钛表面形成许多纳米级沟槽。亲水基团和纳米级沟槽的相互配合，使泡沫钛具有超亲水性。当含油乳液接触泡沫钛时，会在表面形成一层水膜，阻止油滴的接触，同时由于泡沫钛具有很小的孔径，使油滴无法通过，从而达到乳液分离的效果。

图 4-1　氟致超亲水泡沫钛用于乳液分离的整体思路图

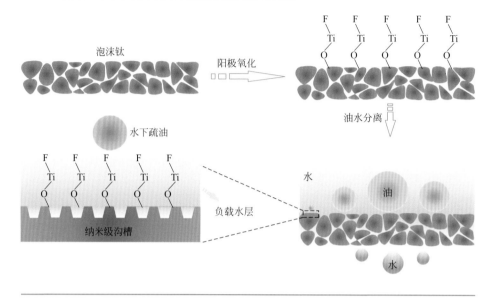

4.3
形貌与成分分析

　　材料的形貌与成分是表面浸润性的两个决定性因素。为了分析泡沫钛呈现超亲水性的内在因素，将从这两个方面入手进行阐述。

　　如图 4-2(a) 所示，泡沫钛由许多不规则的 Ti 颗粒组成，颗粒表面比较光滑［图 4-2(b)］，颗粒之间的间隙从几个微米变动到上百个微米。对泡沫钛表面的浸润性进行测试，发现水滴静态接触角约为 70°，水下油接触角为 130°左右，材料根本无法满足油水分离的基本要求。而经过阳极氧化处理后，泡沫钛在宏观上没有太大的变化［图 4-2(c)］，然而对 Ti 颗粒表面的观测发现，其中分布着大量的纳米级沟槽，这主要是由于阳极氧化中氟离子的腐蚀作用造成的。液滴试验显示，水的静态接触角趋近于 0°，水下油接触角也达到 160°左右，阳极氧化处理后的泡沫钛呈现出超亲水特性。

　　通常来说，Ti 在含氟电解质中进行阳极氧化，会得到 TiO_2 的纳米管阵列[13,14]。但进一步的研究发现，在某些特定的条件下，也可能形成致密的氧化层、纳米孔以及纳米级沟槽等[15]。前面述及纳米管结构不利于形成超亲水

图 4-2　泡沫钛超亲水性分析

插图为水滴静态接触角和水下油接触角

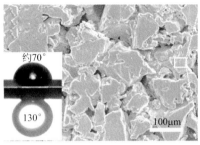

(a) 泡沫钛阳极氧化前SEM形貌(一)

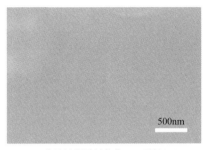

(b) 泡沫钛阳极氧化前SEM形貌(二)

(c) 泡沫钛阳极氧化后SEM形貌(一)

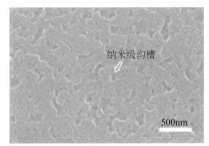

(d) 泡沫钛阳极氧化后SEM形貌(二)

(e) 超亲水泡沫钛的侧面图

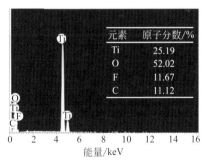

(f) 超亲水泡沫钛的EDS分析结果

界面，如图 4-3 所示，对比分析纳米管和纳米级沟槽结构对浸润性的影响。对于纳米管结构，管底的闭合结构会使空气存留在纳米管中，由于大气压强的存在，水无法完全润湿纳米管表面。对比而言，纳米级沟槽结构则不会出现类似的情况，水能完全浸润材料表面并形成水膜，这对超亲水油水分离材料而言是非常有利的，既能保证高的分离效率，又能防止油污对材料表面的污染。

图 4-3　纳米管和纳米级沟槽对表面浸润性的影响

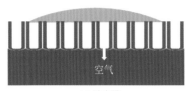 

(a)纳米管　　　　　　　　　　(b)纳米级沟槽

　　从截面图可以看出，泡沫钛由无数颗粒堆积而成，厚度为 $1\mu m$ 左右 [图 4-2(e)]。进一步对材料表面进行 EDS 分析，如图 4-2(f) 所示，超亲水泡沫钛表面由 Ti、O、F、C 四种元素组成，F 和 O 分别来源于电解质中的氟盐和水，而 C 则由有机电解质在阳极氧化过程中发生部分降解而来，形成表层吸附碳[15,16]。进一步分析发现 Ti 和 O 的原子个数之比接近于 1∶2，说明表面主要以 TiO_2 的形式存在，而 F 则可能存在于氧化物的网络中，具体以何种方式存在，必须通过 XPS 对表面元素的化合态进行分析才能知道。

　　接着对超亲水泡沫钛表面进行 XPS 分析。如图 4-4(a) 所示，表面由 Ti、O、F、C 四种元素组成，这与前面的 EDS 分析结果是一致的。对比 EDS 分析数据，发现在 XPS 分析中，表面 C 含量明显增加，这是因为 C 主要在最表层积累，而 XPS 分析的深度比 EDS 浅，所以 C 含量会增加。同样，F 含量的减少则主要是因为 F 在 TiO_2 内层积累较多。Ti 和 O 的原子比例依旧趋近于 1∶2。为了弄清楚各主要元素的存在形式，通过窄谱分析来确定峰位置，从而推断化合形态。如图 4-4(b) 所示，Ti 2p1/2 和 Ti 2p3/2 分别位于 464.3eV 和 458.5eV，这是 Ti^{4+} 的特征峰[17,18]，与前面的推断一致，超亲水泡沫钛表面主要为 TiO_2。对 O 1s 峰进行分峰处理后发现，四个峰分别位于 529.7eV、530.4eV、531.4eV 和 532.5eV，化合形态分别对应于 Ti—O 键[19]、表面缺陷[20]、Ti—OH 以及有机污染物中的 C—O 键[21]，也就是说，TiO_2 表面既包含缺陷位、表面羟基等极性组分，又存在疏水性的有机污染物 [图 4-4(c)]。F 1s 峰位于 684eV 的位置，这是表面含氟基团的特征峰[22~24]，主要以—O—Ti—F 末端基团的形式存在 [图 4-4(d)]，这对形成亲水界面是非常有利的。

图 4-4　**超亲水泡沫钛表面的 XPS 分析图**

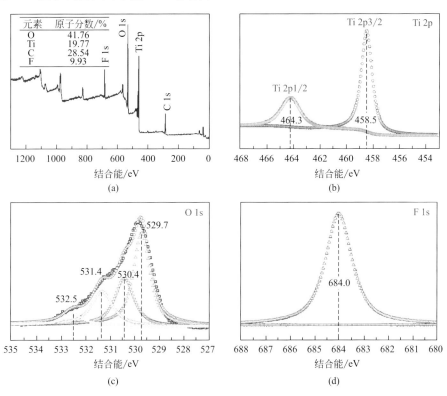

4.4
表面粗糙度分析

对于亲水材料而言，表面粗糙度的增加有利于形成超亲水界面。通过扫描探针显微镜对材料表面的粗糙度进行表征，如图 4-5 所示。

如图 4-5 所示，氟氧化前，组成泡沫钛的 Ti 颗粒表面比较平整，从剖面分析来看，表面起伏很小；而经过氟氧化处理后的超亲水泡沫钛，表面凹凸不平，剖面分析中在±100nm 间出现较大的起伏，粗糙度明显增加。然后取三个点对样品粗糙度进行统计（如表 4-1 所示），从表中可知经过氟氧化处理后，泡沫钛表面 Rq 值由原来的约 1.85nm 增大到约 35.4nm，粗糙度因子也增加到约原来的 1.2 倍，这对亲水性的增强是非常有利的。

图 4-5　泡沫钛氟氧化前后的表面粗糙度分析图

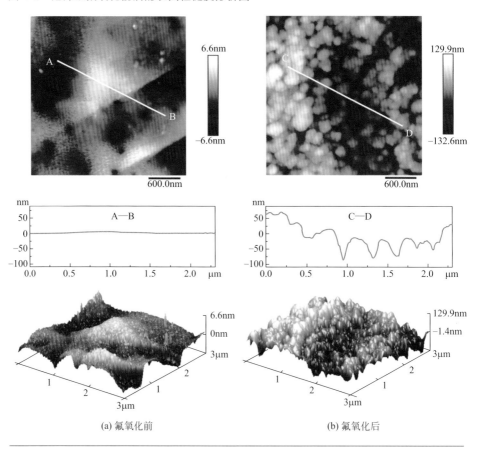

(a) 氟氧化前　　　　　　　　　(b) 氟氧化后

表 4-1　氟氧化前后泡沫钛的粗糙度分析数据表（3μm×3μm）

样品	Rq/nm	表面积/μm²	截面积/μm²	粗糙度因子
泡沫钛原样	1.85±0.04	9.07±0.06	9.00	1.01±0.01
超亲水泡沫钛	35.4±1.3	10.7±0.4	9.00	1.19±0.04

4.5
液滴试验

液滴试验包括水滴渗透试验、水下油滴黏附效应试验、水下油滴静态

接触角试验以及滚动接触角试验，这对预测材料的油水分离性能具有重要
意义。

图 4-6(a) 为 5μL 水滴在处理前的泡沫钛上的渗透，当水滴完全渗透过
泡沫钛所需要的时间约为 2s，而当对泡沫钛进行氟氧化处理之后，由于材料
表面为超亲水性，水滴的渗透时间为 200ms，渗透速率提高了近 10 倍 [图 4-6
(b)]，这对油水分离效率的提高是非常重要的。接下来，通过操控水下油滴
来观测油滴在材料表面的黏附效应 [图 4-6(c)]。这里，由于油滴与钢针的黏
附力较强，能使油滴从材料表面脱离，在脱离的一瞬间，可以看出油滴几乎
没有发生形变，也就是说黏附效应是非常微弱的，这主要是由于布满纳米级
沟槽的超亲水泡沫钛表面吸附了一层水膜，阻止了油滴与表面的直接接触。
这种现象说明超亲水泡沫钛不仅具有潜在的油水分离性能，同时还具有防油
污污染的效果。

图 4-6　**泡沫钛氟氧化前后水滴渗透试验和水下油滴的黏附性试验**

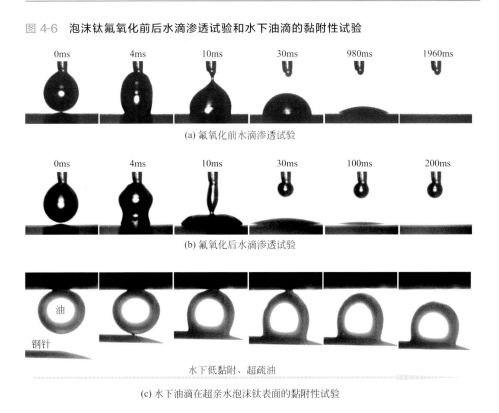

(a) 氟氧化前水滴渗透试验

(b) 氟氧化后水滴渗透试验

(c) 水下油滴在超亲水泡沫钛表面的黏附性试验

　　浸润性能的稳定性对后续的油水分离应用至关重要。将超亲水泡沫钛贮存两个月后再一次测试其水滴渗透率和油滴黏附性（图 4-7），可以看出水滴在 216ms 能完全渗透过泡沫钛，与贮存前的渗透率基本保持一致，黏附效应也变化不大，超亲水泡沫钛浸润性具有较好的稳定性。

图 4-7　贮存 2 个月的超亲水泡沫钛的水滴渗透试验和油滴黏附效应

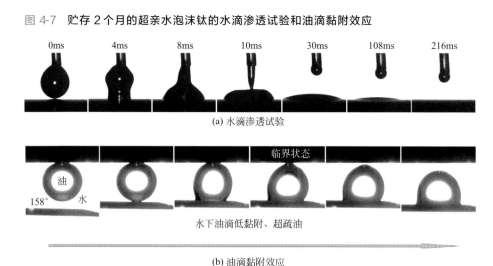

　　进一步对五种选定的油类在超亲水泡沫钛表面的水下油滴静态接触角（OCA）和滚动接触角（OSA）进行测试。从图 4-8 可以看出，五种油类的 OCA 都在 150°以上，OSA 也在 3°～5°之间，超亲水泡沫钛具有很好的水下超疏油特性。对于粗糙亲水表面水下超疏油的这样一种现象，可以通过 Cassie 模型[5,25]（式 4-1）对其进行描述：

$$\cos\theta'_{OCA} = f\cos\theta_{OCA} + f - 1 \qquad (4\text{-}1)$$

　　式中，θ'_{OCA} 和 θ_{OCA} 分别指的是粗糙表面和光滑表面的水下油滴静态接触角；f 定义为油滴实际接触膜表面的面积与膜表面积之比。f 越小，说明油滴接触膜表面的程度就越小，疏油性就越强。在超亲水泡沫钛中，由于氟致超亲水性和表面纳米级沟槽的存在，使 f 值非常小，也就是说超亲水泡沫钛的疏油性很好，同时油滴很容易从表面滚落（即 OSA 很小）。较大的 OCA 和较小的 OSA 对后续的油水分离有利。

图 4-8　**超亲水泡沫钛的水下油滴静态接触角和滚动接触角**

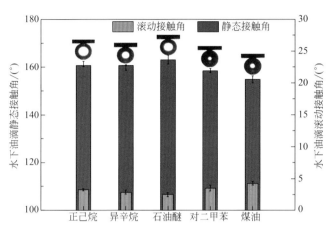

4.6
油水分离性能与防腐蚀性能

　　乳液分离是油水分离的一种，然而由于水包油乳液中，油滴尺寸非常小，这对油水分离材料而言是一个挑战[10,26]。从近年超浸润性材料对乳液分离的研究来看[12,27,28]，要实现高效的乳液分离，材料的孔径或等效孔径应与油滴尺寸相匹配或者小于油滴尺寸。所用的泡沫钛等效孔径为 $20\mu m$，具备了乳液分离的基本条件。

　　图 4-9 所示为超亲水泡沫钛的乳液分离效果，从图 4-9(a) 中可知，经过分离后，乳白色的乳液变成透明的。在显微镜下，可以看到原来的乳状液体中含有大量分散的小油滴，液滴尺寸在 $20\mu m$ 以下，分离之后，这些小油滴基本上都消失了。为了进一步确定分离效果，用 CCl_4 对分离后的水样进行萃取，提取其中可能残留的油滴，并通过红外测油仪对其含量进行精确定量。如图 4-9(b) 所示，对于正己烷、异辛烷、石油醚以及煤油等四种油而言，乳液分离后，水中残油量在 $60\sim90\mu g/g$ 之间，分离效率都在 99% 以上。而对于对二甲苯，水中残油量低于 $10\mu g/g$，分离效率接近 100%。

　　上面提到分离效率这一概念，这里有必要对其进行说明。分离效率（R）是描述材料分离性能的一个指标[6]，可以通过式（4-2）进行计算：

$$R = (1 - C_p/C_o) \times 100\% \tag{4-2}$$

图 4-9　超亲水泡沫钛的乳液分离效果

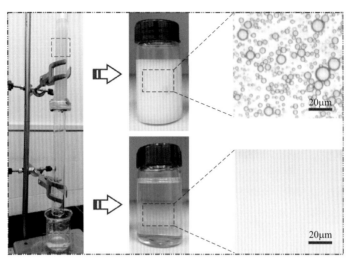

(a) 油水分离装置和乳液分离效果图

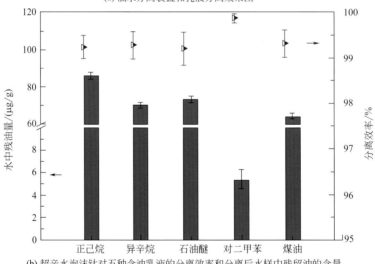

(b) 超亲水泡沫钛对五种含油乳液的分离效率和分离后水样中残留油的含量

其中 C_o 和 C_p 分别为原乳液中的油含量和分离之后水样中的油含量。

　　为了弄清楚各种油所对应的分离效率出现差异的原因，需要研究各乳液中油滴尺寸的大小。见图 4-10，在显微镜下，可以看到油滴尺寸基本都在 $20\mu m$ 以下，从可观测到的数量来看，对二甲苯在水中能形成较大尺寸的油滴，这主要是由于对二甲苯苯环中的离域电子能与水分子中质子化的 H 产生较强的相互作用。较大的油滴尺寸也有利于乳液分离，所以对二甲苯乳液的分离效率接近 100%。而在煤油乳液的显微图中，存在尺寸较大的油滴，这可能是由于煤油中含有部分亲水性的杂质，使其与水分子的相互作用增强所致，但由于可观测的油滴数量较少，所以其分离效率与另外三种油相差不大。

图 4-10　**五种乳液中油滴尺寸大小显微图和水包油模型图**

标尺为 20μm

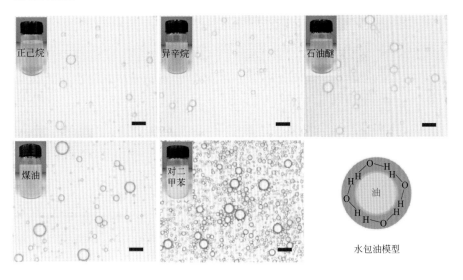

前文提到，为实现较好的油水分离效果，膜材料的孔径或等效孔径应与乳液中油滴大小相匹配甚至小于油滴大小。本书所用的泡沫钛等效孔径为20μm，而乳液中油滴尺寸却都小于 20μm，之所以能取得较好的分离效果，主要得益于泡沫钛孔道的错综复杂，这样在分离过程中，进入孔道内的小尺寸油滴会相互融合[29]，从而使其不能通过泡沫钛，实现较好的分离效果。

在油水分离应用中，膜材料的防腐、耐盐性能是必须要考虑到的一个重要因素。在实际应用中，由于条件错综复杂，高盐、强酸碱的含油污水对膜材料提出更高的要求。

这里，选用 1mol/L 的盐酸、1mol/L 的氢氧化钠溶液以及 10% 的氯化钠溶液对超亲水泡沫钛的防腐性能进行测试。如图 4-11(a) 所示，将泡沫钛分别在三种腐蚀性溶液中浸泡 2h，每过 20min 测量其 OCA，可知每一种溶液中 OCA 都在很小的幅度内变动。同时，OCA 在酸中明显比碱和盐中要大，这主要是酸中带有较多氢离子，与泡沫钛表面亲核性质的氟基团有较强的相互作用，从而在泡沫钛表面吸附更厚的水膜，使疏油性能增强。接着，测试三种腐蚀性乳液的油水分离效果，虽然相对于水而言分离效率会有所降低，但都能维持在99%上下，如图4-11(b)所示，在碱液中乳液分离效果相对较差的原因可归咎于其相对较差的疏油特性。

图4-11 **超亲水泡沫钛的防腐性能**

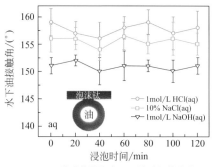

(a) 酸碱盐溶液中OCA随时间的变化

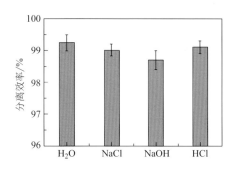

(b) 泡沫钛对酸碱盐乳液的分离性能

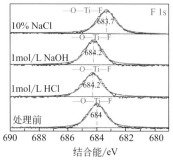

(c) 浸泡2h后泡沫钛表面氟基团的XPS分析

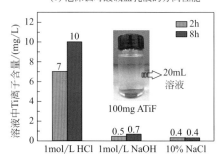

(d)泡沫钛在酸碱盐溶液中浸泡2h和8h后溶液中钛离子的含量图

　　一般来说，对于给定的膜材料，其亲水特性以及最终的油水分离性能都决定于表面成分与结构。对于超亲水泡沫钛，虽然在腐蚀性溶液中的水下疏油特性和油水分离性能都能保持稳定，但必须弄清楚其表面成分和结构的稳定性。如图4-11(c)所示，在腐蚀性溶液中浸泡2h后，表面的氟基团基本保持稳定，由于外来离子的干扰，峰位发生较小的偏移。然后，对浸泡2h和8h后溶液中的钛离子进行分析，在酸中表面氟氧化物会有部分溶解，但钛离子含量也在$10\mu g/g$以内，在碱和盐中的溶解几乎可以忽略不计，如图4-11

(d) 所示。相对应的，超亲水泡沫钛表面的纳米级沟槽也能在腐蚀性溶液中保持高度的稳定性（图 4-12）。综上可知超亲水泡沫钛具有很好的防腐性能和非常广阔的应用前景。

图 4-12　**超亲水泡沫钛在腐蚀性溶液中浸泡 8h 后表面结构 SEM 图**

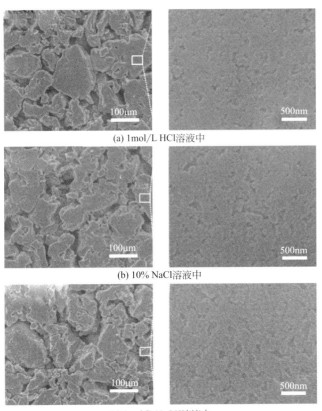

(a) 1mol/L HCl溶液中

(b) 10% NaCl溶液中

(c) 1mol/L NaOH溶液中

4.7
表面氟的作用

因为超亲水泡沫钛表面 F 基团可以在温度高于 100℃ 发生降解，为了研究表面 F 在油水分离中的作用，在 200℃ 下将泡沫钛煅烧 2h 来除去表面的氟基团。从图 4-13(a) 中可知，煅烧后，超亲水泡沫钛表面的氟含量明显降低，而其他诸如 Ti、O 和 C 元素则没有发生明显的变化，这与第 3 章的结论是一致的。从煅烧前后的 F 1s 峰来看，峰位置位于 684eV 附近，这是表面—O—Ti—F 基团的特征峰[23]，氟含量由原来的 9.93%（原子分数）降低到 2.23%（原子分数），同时水滴的静态接触角也从 5°左右增大到约 52°，泡沫钛的亲水性发生了明显的退化，这主要是由于表面氟基团发生部分降解。

图 4-13　表面 F 基团的作用

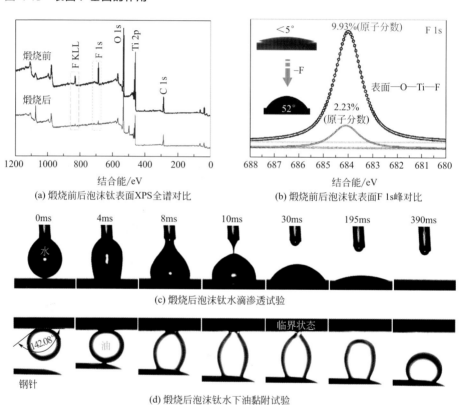

(a) 煅烧前后泡沫钛表面XPS全谱对比　　(b) 煅烧前后泡沫钛表面F 1s峰对比

(c) 煅烧后泡沫钛水滴渗透试验

(d) 煅烧后泡沫钛水下油黏附试验

　　进一步对煅烧后的泡沫钛进行液滴试验，以预测其油水分离性能。如图 4-13(c) 所示，煅烧后泡沫钛表面的水渗透率也有明显的降低，5μL 水滴完全渗透需要 390ms，但与未处理的泡沫钛的 1960ms 相比还是提高不少，这主要是因为煅烧后泡沫钛内部可能还有亲水性的氟氧化物存在，从而使水渗透率提高．水下油滴与泡沫钛的黏附力有明显的增大，这主要是由于亲水性退化引起泡沫表面吸附水膜变薄而造成的，这对泡沫钛的防污性能和油水分离性能都是不利的。综上可知，表面 F 基团对油水分离性能有着至关重要的影响，F 基团的去除会使泡沫钛丧失油水分离性能。

因为表面 F 基团能够承受 100℃左右的高温，即氟致超亲水泡沫钛在 100℃以下的温度下都能维持其优异的油水分离性能，这在工业应用中意义重大。

参考文献

[1] 陈粤. TiO$_2$ 纳米管阵列界面制备与功能应用. 广州：中山大学，2011.

[2] 罗智勇. 基于化学键极性的氟致超亲水原理及其油水分离应用. 广州：中山大学，2017.

[3] Worton D R, Zhang H, Isaacman-vanWertz G, et al. Comprehensive chemical characterization of hydrocarbons in nist standard reference material 2779 gulf of mexico crude oil. Environ Sci Technol, 2015, 49: 13130-13138.

[4] Kintisch E. An audacious decision in crisis gets cautious praise. Science, 2010, 329: 735-736.

[5] Zhang F, Zhang W B, Shi Z, et al. Nanowire-haired inorganic membranes with superhydrophilicity and underwater ultralow adhesive superoleophobicity for high-efficiency oil/water separation. Adv. Mater. , 2013, 25: 4192-4198.

[6] Xue Z, Wang S, Lin L, et al. A novel superhydrophilic and underwater superoleophobic hydrogel-coated mesh for oil/water separation. Adv. Mater. , 2011, 23: 4270-4273.

[7] Zhang L, Zhong Y, Cha D, et al. A self-cleaning underwater superoleophobic mesh for oil-water separation. SCI REP-UK, 2013, 3: 2326.

[8] Lin X, Lu F, Chen Y, et al. Electricity-induced switchable wettability and controllable water permeation based on 3D copper foam. Chem Commun, 2015, 51: 16237-16240.

[9] Li L, Liu Z Y, Zhang Q Q, et al. Underwater superoleophobic porous membrane based on hierarchical TiO$_2$ nanotubes: multifunctional integration of oil-water separation, flow-through photocatalysis and self-cleaning. Journal of Materials Chemistry A, 2015, 3: 1279-1286.

[10] Zhang J Q, Xue Q Z, Pan X L, et al. Graphene oxide/polyacrylonitrile fiber hierarchical-structured membrane for ultra-fast microfiltration of oil-water emulsion. Chem Eng J, 2017, 307: 643-649.

[11] Gao X, Xu L P, Xue Z, et al. Dual-scaled porous nitrocellulose membranes with underwater superoleophobicity for highly efficient oil/water separation. Adv. Mater. , 2014, 26: 1771-1775.

[12] Zhang W, Zhu Y, Liu X, et al. Salt-induced fabrication of superhydrophilic and underwatersuperoleophobic PAA-g-PVDF membranes for effective separation of oil-in-water emulsions. Angew. Chem. Int. Ed. , 2014, 53: 856-860.

[13] Albu S P, Kim D, Schmuki P. Growth of aligned TiO₂ bamboo-type nanotubes and highly ordered nanolace. Angew. Chem. Int. Ed. , **2008**, 47: 1916-1919.

[14] Xie Z B, Blackwood D J. Effects of anodization parameters on the formation of titania nanotubes in ethylene glycol. Electrochim Acta, **2010**, 56: 905-912.

[15] Roy P, Berger S, Schmuki, P. TiO₂ nanotubes: synthesis and applications. Angew. Chem. Int. Ed. , **2011**, 50: 2904-2939.

[16] Albu S P, Schmuki P. TiO₂ nanotubes grown in different organic electrolytes: Two-size self-organization, single vs. double-walled tubes, and giant diameters. PHYS STATUS SOLI-DI-R, **2010**, 4: 215-217.

[17] Zhou W, Li W, Wang J Q, et al. Ordered mesoporous black TiO₂ as highly efficient hydrogen evolution photocatalyst. J Am Chem Soc, **2014**, 136: 9280-9283.

[18] Lu X, Wang G, Zhai T, et al. Hydrogenated TiO₂ nanotube arrays for supercapacitors. Nano Lett, **2012**, 12: 1690-1696.

[19] Wang D, Liu Y, Liu X, et al. Towards a tunable and switchable water adhesion on a TiO₂ nanotube film with patterned wettability. Chem Commun, **2009**: 7018.

[20] Zhang C, Qian L H, Zhang K, et al. Hierarchical porous Ni/NiO core-shells with superior conductivity for electrochemical pseudo-capacitors and glucose sensors. Journal of Materials Chemistry A, **2015**, 3: 10519-10525.

[21] Antony R P, Mathews T, Dash S, et al. Kinetics and physicochemical process of photoinduced hydrophobic↔superhydrophilic switching of pristine and N-doped TiO₂ nanotube arrays. The Journal of Physical Chemistry C, **2013**, 117: 6851-6860.

[22] Ma X Y, Chen Z G, Hartono S B, et al. Fabrication of uniform anatase TiO₂ particles exposed by {001} facets. Chem Commun, **2010**, 46: 6608-6610.

[23] Yang H G, Sun C H, Qiao S Z, et al. Anatase TiO₂ single crystals with a large percentage of reactive facets. Nature , **2008**, 453: 638-641.

[24] Yu J, Low J, Xiao W, et al. Enhanced photocatalytic CO₂-reduction activity of anatase TiO₂ by coexposed {001} and {101} facets. J Am Chem Soc, **2014**, 136: 8839-8842.

[25] Liu M J, Wang S T, Wei Z X, et al. Bioinspired design of a superoleophobic and low adhesive water/solid interface. Adv. Mater. , **2009**, 21: 665-669.

[26] Gao S J, Shi Z, Zhang W B, et al. Photoinduced superwetting single-walled carbon nanotube/TiO₂ ultrathin network films for ultrafast separation of oil-in-water emulsions. ACS Nano, **2014**, 8: 6344-6352.

[27] Jiang G, Li J, Nie Y, et al. Immobilizing water into crystal lattice of calcium sulfate for its separation from water-in-oil emulsion. Environ Sci Technol, **2016**, 50: 7650-7657.

[28] Ge J L, Zhang J C, Wang F, et al. Superhydrophilic and underwater superoleophobic nanofibrous membrane with hierarchical structured skin for effective oil-in-water emulsion separation. Journal of Materials Chemistry A, **2017**, 5: 497-502.

[29] Si Y, Fu Q, Wang X, et al. Superelastic and superhydrophobic nanofiber-assembled cellular aerogels for effective separation of oil/water emulsions. ACS Nano, **2015**, 9: 3791-3799.

氯致超亲水泡沫铜在油水分离中的应用

泡沫金属是一种非常优异的功能材料，它具有低密度[1~5]、高比表面积[6]、开孔结构[7] 以及高导电性[8] 等优点而备受关注。近年来，随着泡沫金属制备工艺的不断完善，它在催化[9]、传感[10]、油水分离[11,12] 等领域均有着较好的应用。

迄今为止，关于泡沫金属的研究主要集中在 Au[13]、Cu[14,15]、Ni[16,17]、Ti[11,18,19] 以及合金泡沫[20]，其中泡沫铜由于具有非常高的性价比而受到越来越多的关注。举例来说，Dong 等[14] 用 Cu_2O 纳米针来修饰泡沫铜作为电极来检测葡萄糖，Li 等[21] 用 CuO 纳米线代替 Cu_2O 纳米针来修饰泡沫铜做了相类似的应用。这种将泡沫铜作为传感器的研究，主要得益于其高比表面积和高电导率。同样，基于其 3D 结构，泡沫铜也被用作模板来制备诸如 MOF[22]、3D 石墨烯网络[23] 等。泡沫铜在传热[24]、重金属离子去除[25,26] 等应用中也表现出色。

近年来，关于泡沫铜在油水分离方面的应用已取得较大的进展。然而，研究主要集中在超疏水泡沫铜方面[27~29]，设计理念主要包含两个方面：首先，对泡沫铜表面进行纳米结构构造；其次，通过低表面能表面活性剂进行疏水修饰。超亲水泡沫铜的报道却十分少见。2015 年，Lin 等[8] 用响应性分子修饰泡沫铜，然后在电场的作用下实现超亲水转化并用于油水分离，这种材料从智能响应的角度入手，但其超亲水性依赖于外加电场。制备稳定的超亲水泡沫铜并实现其高效的油水分离依旧是一大挑战。

通过阳极氧化、阴离子交换以及煅烧相结合，可制备一种稳定的超亲水泡沫铜。该泡沫铜表面由多尺度的核-壳纳米粒子构成，纳米粒子核心为 Cu，表层为 $Cu_2O/CuO_{1-x/2}Cl_x$ 的亲水层，表层的亲水性主要是由其极性的 —O—Cu—Cl 甚至 —Cu—Cl 基团决定，这是氟致超亲水的范畴。该超亲水泡沫铜具有超高的水渗透率和高效的油水分离性能（分离效率＞99％），同时也具有很好的抗腐蚀及循环使用性能。基于泡沫铜层层堆叠结构，它也具有很好的抗刮擦性能。超亲水泡沫铜在油水分离领域有着广阔的工业应用前景。

5.1
制备及表征方法

5.1.1　超亲水泡沫铜制备

泡沫铜（3cm×3cm）分别在丙酮、乙醇、去离子水中进行超声清洗，除去污染物，然后浸泡在体积分数为 10％的硫酸溶液中除去表面氧化物，待用。

制备过程分为以下三步：首先，阳极氧化在双电极系统中进行，用铜片（3cm×3cm）作阴极，用泡沫铜作阳极，两极距离为 1.5cm，在 3V、25℃的条件下反应 2h，其中电解质的组成为 0.1％的氟化铵，99.9％的去离子水。阳极氧化完成后，自然风干。然后，样品在 1mol/L 的盐酸中浸泡 20min，外加 300r/min 的搅拌，用去离子水冲洗，干燥。最后，将样品在 200℃的空气气氛中煅烧 3h，得到超亲水泡沫铜。

5.1.2　液滴试验

超亲水泡沫铜表面的静态接触角和动态水滴效果是通过 5μL 的水滴在表面上的铺展及渗透来表征的，这个过程通过高速摄像机（Vision Research Phantom V.211）在 3000 帧/秒的速率进行记录。同时，水下油接触角（OCA）、滚动接触角（OSA）和黏附效应是用 PTFE 微管来操控 5μL 油滴并用高速相机记录的，其中 OCA 和 OSA 分别测量五次，从而分析相对误差。

5.1.3　油水分离性能表征

这里选用正己烷、异辛烷、石油醚、对二甲苯以及柴油等五种油作为样本，用 10g 油与 60g 水混合并搅拌待用。将超亲水泡沫铜置于带有法兰的两根石英管中并紧固密封，油水混合物在重力作用下经过泡沫铜进行分离。

分离后的水样（60mL）先用 1mol/L 的盐酸酸化到 pH＝1～2，然后加入 2g NaCl 去乳化。用 40mL 四氯化碳分两次进行萃取，萃取之后得到的四氯化碳用无水硫酸钠干燥，最后用红外测油仪（OIL-8，China）测量油含量，取三次结果，分析相对误差。

为了表征超亲水泡沫铜的重复使用性能，取正己烷/水混合物为例进行 30 次油水分离，每隔五次取一个样进行油含量的测定。

同时，为了分析泡沫铜的抗腐蚀性能，选用 1mol/L 的氢氧化钠、1mol/L 的盐酸以及 10％的氯化钠溶液，并研究泡沫铜在三种溶液中水下油接触角、油水分离性能以及分离后水中铜离子的浓度变化（通过 AES，Optima 8300 进行分析）。

5.2
超亲水泡沫铜

通过阳极氧化、阴离子交换以及煅烧三步相结合的方法，得到表面由纳米颗粒组成的泡沫铜，其中纳米颗粒外层由末端氯基团组成。基于末端氯基团的极性，该泡沫铜具有超亲水性和水下超疏油特性，可以很好地用于油水分离［图 5-1(a)］。如图 5-1(b) 所示，超亲水泡沫铜呈棕色，水滴静态接触角可以达到 0°，水下油接触角为 158°。同时，该泡沫铜孔道尺寸在 100～300μm 之间，支架布满孔洞，表面由许多形状不一的纳米颗粒组成。这种形貌使表面粗糙度增加，进一步促进了泡沫铜的亲水性，有利于水的吸附和后续的油水分离过程。

图 5-1　超亲水泡沫铜的制备及性能

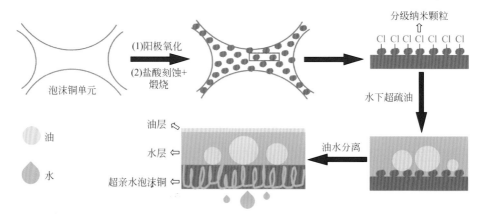

(a) 超亲水泡沫铜的制备过程及其油水分离示意图

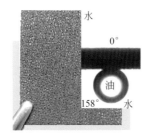 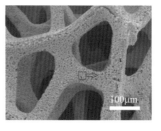 

(b) 超亲水泡沫铜样品　　(c) 超亲水泡沫铜支架结构　　(d) 超亲水泡沫铜支架的表面形貌图
插图为水滴接触角和水下油接触角

5.3
形貌、结构及成分分析

为进一步研究超亲水泡沫铜制备过程中的形貌变化，对实验中间过程进行追踪。如图 5-2 所示，未经处理前，泡沫铜支架表面较为光滑，表面布满

图 5-2　制备过程中泡沫铜形貌变化图

（a）泡沫铜原样的 SEM 图（一）；

（b）泡沫铜原样的 SEM 图（二）；

（c）阳极氧化后泡沫铜 SEM 图；

（d）阳极氧化后泡沫铜 TEM 图；

（e）超亲水泡沫铜的 SEM 图；

（f）超亲水泡沫铜的 TEM 图

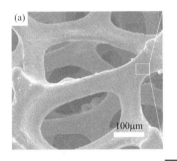
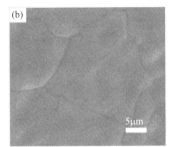

第一步：阳极氧化

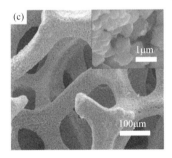
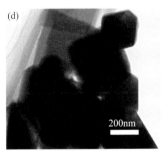

第二步：盐酸刻蚀　　　　第三步：煅烧

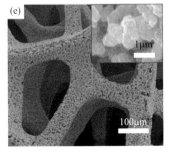
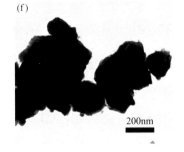

晶界，这应该是制备过程中形成的［图 5-2(a)、（b)］。经过在含氟电解质中的阳极氧化处理后，泡沫铜支架表面粗糙度明显增加［图 5-2(c)］，同时可发现支架表面由纳米颗粒组成，这些纳米颗粒具有很规则的几何外形［图 5-2(d)］。2008 年，Yang 等[30] 报道了 TiO_2 经过 TiF_4 处理后晶面暴露的相关研究。相类似地，泡沫铜中纳米颗粒具有规则几何外形也与晶面暴露有关，是氟离子在电场作用下进攻泡沫铜支架表面晶界所致。最后，泡沫铜经过 HCl 刻蚀和煅烧处理，表面粗糙度进一步增大，并出现大量孔洞，纳米粒子的外形也变得不规则了，出现分级结构［图 5-2(e)、（f)］。

  如图 5-3(a) 所示，纳米颗粒表面极不规则，同时还可以发现表面还分布着非常微小的纳米粒子，这种分级结构有利于进一步增大表面的粗糙度和孔隙率。通过 HRTEM 分析，可以清楚地看到 0.21nm 的晶格参数，这是 Cu(111)

图 5-3   超亲水泡沫铜表面分析

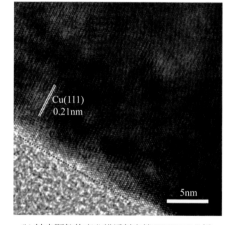

(a) 超亲水泡沫铜表面纳米颗粒TEM图   (b) 纳米颗粒的高分辨透射电镜(HRTEM)分析

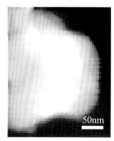
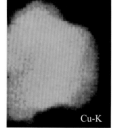

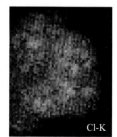

(c) 纳米颗粒的STEM分析

面的特征参数[31,32]，也就是说纳米颗粒的主体成分为金属铜 [图 5-3(b)]。进一步的 STEM 分析可知，纳米颗粒主要包含 Cu、O、Cl 三种元素 [图 5-3(c)]。结合 HRTEM 可知，O 和 Cl 主要分布在纳米颗粒表面，通过表面氧化和氯化形成。

XRD 分析结果如图 5-4(a) 所示，从图中可知超亲水泡沫铜主要成分为 Cu (JCPDS-04-0836)[33]，这与 HRTEM 的分析结果是一致的。同时图 5-4 (a) 还有两个很弱的峰，分别归属于赤铜矿（Cu₂O 的一种）的（111）和 (200) 晶面[34]。峰强很弱说明含量非常少，所以在图 5-3(b) 中无法反映出来。接着，对超亲水泡沫铜进行 XPS 分析。从图 5-4(b) 中可知，表面由 Cu、O、C、Cl 四种元素组成，其中 C 是因为吸附空气中有机污染物所致，Cl 的含量达到 7.82%（原子分数）。从 Cl 2p 的窄谱分析结果可知，Cl 2p3/2 和 Cl 2p1/2 的峰位分别位于 198.5eV 和 200.2eV，这是末端 Cl 基团的特征峰[35]，主要以—O—Cu—Cl 或—Cu—Cl 的形式存在[36,37]。根据氟致超亲水原理及以往的报道[36]，这有利于超亲水界面的形成。

图 5-4 **超亲水泡沫铜的 XRD 及 XPS 分析**

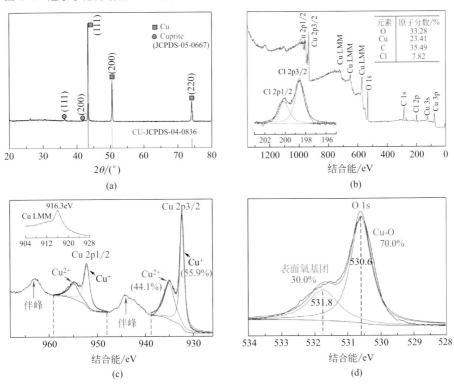

如图 5-4（c）所示，将 Cu 2p 峰进行分峰处理，并结合 Cu LMM 在 916.3eV[33] 的峰位可知：Cu 2p3/2 中 932.5eV 和 935eV 的峰分别对应于 Cu_2O 中的 $Cu^{+[33,38]}$ 以及表面氯氧化铜（$CuO_{1-x/2}Cl_x$）中的 $Cu^{2+[39]}$，两者的含量分别为 55.9% 和 44.1%。综上可知，超亲水泡沫铜表面的纳米颗粒由 Cu 核心与 $Cu_2O/CuO_{1-x/2}Cl_x$ 功能性外壳构成核-壳结构，外壳中的 $CuO_{1-x/2}Cl_x$ 极性组分对亲水性起决定性作用。而从 O 1s 峰的分析结果可知［图 5-4(d)］，表面氧组分主要由 Cu—O（530.6eV）和表面极性氧组分（例如表面吸附氧、氧空位等）组成[40,41]。极性氧组分也对形成超亲水界面有利。

从以上结论可知，超亲水泡沫铜的亲水性主要由表面纳米粒子的 $Cu_2O/CuO_{1-x/2}Cl_x$ 功能性外壳决定，而纳米粒子的多级结构进一步促进了它的亲水性和水的负载量。为了进一步弄清楚超亲水泡沫铜的形成原因，通过 XPS 可检测各步骤下表面 Cu 的化合形态，从而推断出表面化学过程及形成机理。

5.4
形成机理分析

第一步，阳极氧化：

$$Cu \longrightarrow Cu^{2+} + 2e^- \tag{5-1}$$

$$2Cu + H_2O \longrightarrow Cu_2O + 2H^+ + 2e^- \tag{5-2}$$

第二步，HCl 刻蚀：

$$Cu_2O + 2H^+ \longrightarrow 2Cu^+ + H_2O \tag{5-3}$$

$$Cu_2O + xCl^- + xH^+ \longrightarrow Cu_2O_{1-x/2}Cl_x + (x/2)H_2O \tag{5-4}$$

第三步，煅烧：

$$4Cu_2O_{1-x/2}Cl_x + O_2 \longrightarrow 4CuO_{1-x/2}Cl_x + 2Cu_2O \tag{5-5}$$

如图 5-5 所示为阳极氧化后泡沫铜表面的 XPS 分析，从图中可知表面组成元素主要为 Cu、O 和 C 三种元素，F 元素含量极其微小，这可能是因为 F 离子与泡沫铜的反应比较剧烈，易产生溶于水的氟化物，如式（5-1）所示，因此通过阳极氧化一步得到氟氧化物的途径是行不通的。同时，从 Cu 2p 峰的分析来看，阳极氧化后，表面 Cu 的主要存在形式为 Cu_2O，这是在阳极氧化过程中，泡沫铜与水反应得到的，如式（5-2）所示。而 Cu_2O 的表面由于与空气接触，会有少量转化为 CuO［图 5-5(b)］。

由于无法通过阳极氧化一步得到氟氧化物，进一步将泡沫铜浸置于盐酸中，通过 Cl 离子与 Cu_2O 中的 O 发生阴离子交换，得到亲水的氯氧化物层，

图 5-5　阳极氧化后泡沫铜的 XPS 分析

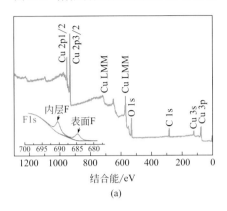 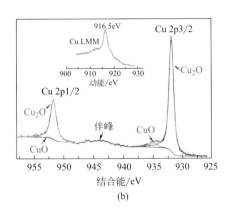

这是氟致超亲水原理的范畴。如图 5-6 所示，通过 HCl 刻蚀之后，表面 Cu 主要以 Cu^+ 的形式存在，同时表面还存在着 Cl 基团 [图 5-6(b)]。在 HCl 刻蚀的过程中，一方面表面按式(5-3) 发生 Cu_2O 的部分溶解，使具有规则几何外形的纳米颗粒变成分级纳米颗粒（图 5-2）；另一方面，Cl 离子部分取代 Cu_2O 中的 O，形成 $Cu_2O_{1-x/2}Cl_x$，反应按式(5-4) 进行。这样，就得到 $Cu_2O/Cu_2O_{1-x/2}Cl_x$ 的外壳结构。

图 5-6　HCl 刻蚀后泡沫铜的 XPS 分析

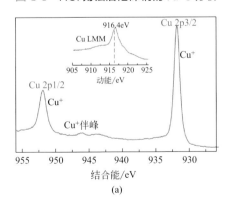 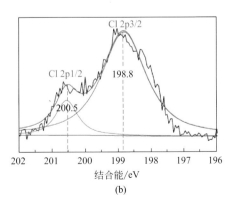

在氧气或空气气氛中，Cu_2O 或其衍生物都处于亚稳态，一旦氧气量充足，Cu^+ 会向 Cu^{2+} 转变。为了使泡沫铜表面的亲水层趋于稳定，同时进一步增加表面粗糙度，对样品进行煅烧处理得到最终的超亲水泡沫铜。煅烧处理后，表面的 Cu^{2+} 的含量明显提高，达到 44.1% [图 5-4(c)]，这是由于表层的 $Cu_2O_{1-x/2}Cl_x$ 与 O_2 反应得到 $CuO_{1-x/2}Cl_x$ 的结果 [式(5-5)]。如果 O_2 充足，外壳中的 Cu_2O 也会进一步向 CuO 转化。

5.5
浸润性分析

浸润性分析是材料界面应用的基础。这里，先对泡沫铜的水滴浸润性进行测试。如图 5-7(a) 所示，未经处理的泡沫铜呈疏水性，这是泡沫铜表面发生氧化所致。经过阳极氧化处理后，泡沫铜颜色变为深棕色，表面生成 Cu_2O，同时还产生—OH 和吸附水分子等极性基团 [图 5-7(b)]，所以泡沫铜具有很好的亲水性。进一步进行阴离子交换反应和煅烧后，得到超亲水泡沫铜（SCuF），这种超亲水性是泡沫铜表面纳米颗粒的极性 $Cu_2O/CuO_{1-x/2}Cl_x$ 外壳以及分级结构共同作用的结果。

将三种泡沫铜贮存 3 个月后，未经处理的泡沫铜依旧保持其疏水特性，超亲水泡沫铜也表现出很好的稳定性，然而阳极氧化处理的泡沫铜却从原来的亲水转变为疏水。如图 5-7(b) 所示，测试经过阳极氧化处理的泡沫铜在贮存前后的 XPS 谱，由此可知贮存后泡沫铜表面的吸附水及表面—OH 都大幅降低，从而使其亲水性丧失。

值得一提的是，大多数超亲水材料依赖于表面—OH 等极性基团，但这些基团（特别是—OH）会逐渐被空气中的氧取代，从而丧失亲水性，这是超亲水材料不稳定的内在原因。可以在泡沫铜表面形成—O—Cu—Cl 甚至—Cu—Cl 的极性基团，同时由于 Cl 元素的氧化性比 O 元素强，使表面含氯基团在自然条件下不会被氧取代，保证其亲水性的稳定性。这在后续应用中具有十分重要的意义，也体现了氟致超亲水性相比于其他亲水处理方法的优越性。

水在膜材料中的渗透率对超亲水油水分离来说意义重大，高的水渗透率意味着油水分离能够高效进行。这里，用高速摄影来分析水滴在膜材料上的渗透性。如图 5-8(a) 所示，由于初始的泡沫铜呈疏水性，水滴无法渗透，在 50ms 后水滴保持静止状态后，静态接触角约为 110°。亲水处理后的泡沫铜具有很好的亲水性，$5\mu L$ 水完全渗透仅需要 9ms [图 5-8(b)]。根据已有的报道，$3-5\mu L$ 水透过超亲水膜的时间在 28~280ms 之间[42~44]，在不考虑膜孔径的前提下，超亲水泡沫铜具有超高的水渗透率，这是高效油水分离的前提。接

图 5-7　泡沫铜的浸润性及转变分析

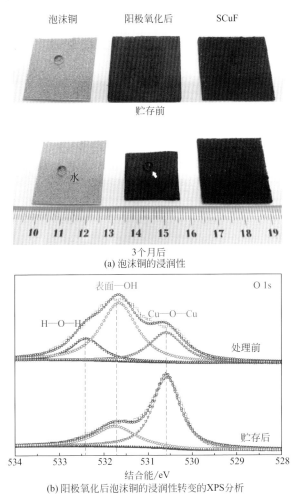

(a) 泡沫铜的浸润性

(b) 阳极氧化后泡沫铜的浸润性转变的XPS分析

下来，测试水下油滴对材料表面的黏附效应，从图 5-8(c) 中可以看出，油滴的黏附效应非常弱，这是因为泡沫铜表面束缚了一层厚厚的水膜，从而导致油滴无法与泡沫铜直接接触，这也是超亲水材料具有防油污污染的内在原因。

对于超亲水膜材料而言，水的负载量越大，越有利于形成超疏油界面，这对油水分离而言是非常有利的[42]。在超亲水泡沫铜的制备过程中，测试每个步骤下泡沫铜的水负载量，从图 5-9(a) 中可以看出，随着制备反应的进行，水负载量逐渐增加。处理前的泡沫铜由于具有疏水特性，水负载量仅为

图 5-8　泡沫铜的水渗透性与黏附性试验

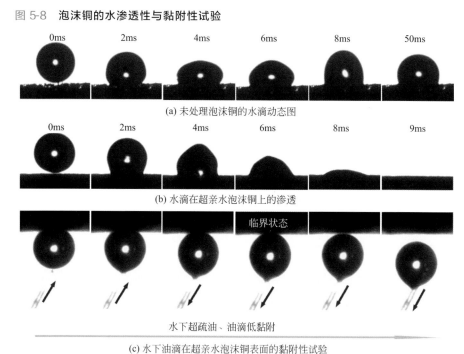

(a) 未处理泡沫铜的水滴动态图

(b) 水滴在超亲水泡沫铜上的渗透

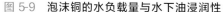

水下超疏油、油滴低黏附

(c) 水下油滴在超亲水泡沫铜表面的黏附性试验

图 5-9　泡沫铜的水负载量与水下油浸润性

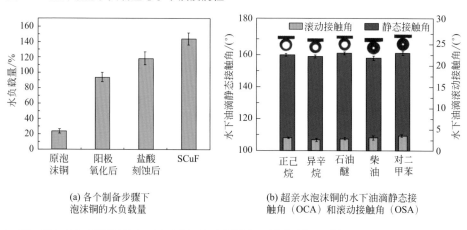

(a) 各个制备步骤下
泡沫铜的水负载量

(b) 超亲水泡沫铜的水下油滴静态接
触角（OCA）和滚动接触角（OSA）

20%；经过阳极氧化后，泡沫铜支架表面覆盖有规则几何外形的 Cu 纳米颗粒，并且表面含有—OH 等极性基团，亲水性增强，水负载量约为 90%；再进一步通过 HCl 刻蚀后，纳米颗粒表面转变为含 Cl 亲水基团，同时表面孔隙率进一步增加，这时水的负载量达到 120%；最后，在 200℃下煅烧 3h，一方面使含 Cl 基团中的 Cu^+ 变为更稳定的 Cu^{2+}，另一方面在高温下形成微结构，使比表面积进一步增大，这时水负载量增大到 150%。这些步骤的最终目的就是为了使泡沫铜的亲水性更稳定，同时增大比表面积，为后续油水分离提供更好的基础。水下油滴测试结果显示，对于五种选定的油，超亲水泡沫铜的水下油静态接触角（OCA）可以达到 160°左右，滚动接触角（OSA）为 3°~4°［图 5-9（b）］，这些参数已经达到甚至超过了现有文献报道值[45~48]，为优异的油水分离性能提供了可能。

5.6
油水分离应用

本节从超亲水泡沫铜的油水分离性能、重复利用性能以及抗腐蚀性能三个方面对油水分离应用进行阐述。

5.6.1　油水分离性能

为了显示油水分离的效果，用亚甲基蓝将水染成蓝色，用苏丹Ⅳ将油染成红色。图 5-10（a）为未处理的泡沫铜和超亲水泡沫铜的油水分离效果图，可知对于未处理的泡沫铜而言，无法将油水组分进行分离，而超亲水泡沫铜能有效地将油水混合物分离，这得益于超亲水泡沫铜负载的水膜对油组分的隔离作用。然后分析分离后水样中的油含量及分离效率［图 5-10（b）］，可知正己烷、石油醚以及异辛烷这三种饱和烷烃的分离效果非常好，水中残油量均在 $1.5\mu g/g$ 以下，分离效率在 99.5% 以上，这主要是因为饱和烷烃与水的相互作用非常小。对于柴油而言，其中不免含有少量杂质成分，增大其与水组分的相互作用，所以分离效率在五种油中属于最差的。对二甲苯比较特殊，在第 4 章也已经提到，对二甲苯的苯环中的 π 电子与水分子中缺电子的 H 会产生相互作用，从而使分离效率变差，为 99% 左右。总的来说，超亲水泡沫铜油水分离效率基本可以保持在 99% 以上，效果明显。

5.6.2　重复使用性能

在实际应用中，材料的重复利用率对节约成本、提高效率至关重要，因此材料的重复使用性能也是要表征的一个关键参数。这里，以正己烷为例，对超亲水泡沫铜进行 30 次重复试验，并每隔五次取水样分析其中的残油量。如图 5-11（a）所示，水中残油量在 $1.6\mu g/g$ 上下波动，30 次之后，分离效果

图 5-10　超亲水泡沫铜的油水分离性能

处理前　　处理后

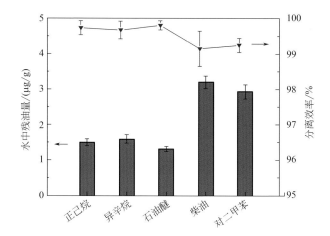

(a) 超亲水泡沫铜用于油水
分离的装置及效果图

(b) 分离后水样中残油量的浓度及分离效率

图 5-11　超亲水泡沫铜的重复使用性能

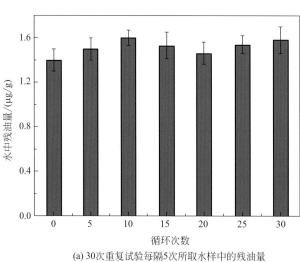

(a) 30次重复试验每隔5次所取水样中的残油量

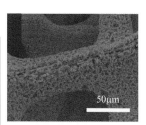

(b) 重复试验前超亲水
泡沫铜的表面形貌

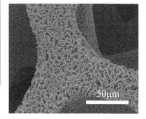

(c) 重复试验后超亲水
泡沫铜的表面形貌

也没有发生明显的退化。对重复试验前后泡沫铜的表面形貌进行分析，发现形貌基本保持一致。超亲水泡沫铜具有很好的重复使用性能，这在实际应用中具有重要意义。

5.6.3　抗腐蚀性能

在实际应用中，含油污水的水况非常复杂，酸碱度、盐度等参数都是未知的，所以好的抗腐蚀性能有利于材料在实际应用中发挥更好的作用。

在以往的报道中，油水分离材料的抗腐蚀性能也是研究者们非常关注的性能之一，这些材料通常通过有机物[46]、有机-无机混合物[49]、聚合物[50]以及金属[51,52]进行修饰，并构筑合适的纳米结构来抵抗强腐蚀性溶液。超亲水泡沫铜具有耐酸碱的 Cu 基质，所以也具有可预期的抗腐蚀性能。

为了阐述超亲水泡沫铜的抗腐蚀性能，首先分析泡沫铜浸置于酸、碱、盐溶液中表面成分的变化情况，也就是检测溶液中铜离子的浓度变化情况。如图 5-12 所示，将超亲水泡沫铜在不同 pH 值及 10％的 NaCl 溶液中浸泡 2h 后，加入 1mol/L 的 NaOH 溶液来沉淀溶液中可能含有的铜离子。沉淀反应后，可以看到只有 1mol/L 的 HCl 溶液中会产生草绿色的沉淀，根据之前的分析，可以判断该沉淀是由蓝色 $Cu(OH)_2$ 和砖红色 Cu_2O 组成的，将该沉淀

图 5-12　**超亲水泡沫铜防腐蚀性能的试管显色实验**

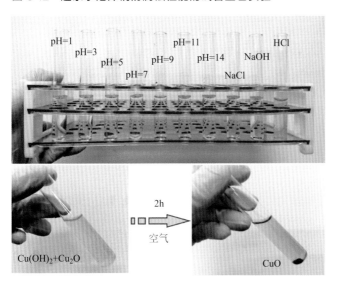

暴露在空气中 2h 后，会转变为黑色的 CuO 沉淀。也就是说，只有在 1mol/L 的 HCl 溶液中泡沫铜表面会被溶解，在其他溶液中可以保持稳定或只有极微量的泡沫铜发生溶解。

为了进行更为精确的定量分析，将 50mg 超亲水泡沫铜浸置在 20mL 溶液中，2h 和 10h 后，分别取样进行分析。如图 5-13 所示，在碱和盐溶液中浸泡后，铜离子含量基本保持在 $10\mu g/g$ 以下，并且随时间变化不明显，泡沫铜在溶液中稳定性较好。而在 1mol/L 的 HCl 溶液中浸泡 2h 和 10h 后，溶液中铜离子的含量分别为 $553\mu g/g$ 和 $632\mu g/g$，表面亲水层发生溶解。但从 2h 到 8h 这段时间内的溶解量仅为 2h 的 14%，也就是说泡沫铜在酸中浸泡 2h 后就逐渐趋向稳定。

图 5-13 超亲水泡沫铜浸置于酸、碱、盐溶液后水样中铜离子浓度分析

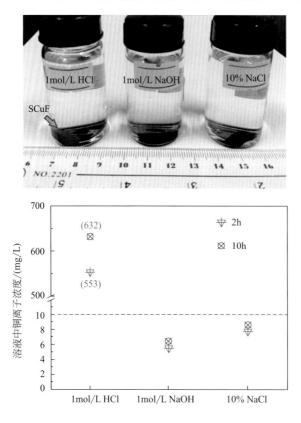

从浸泡之后的 SEM 形貌来看（图 5-14），泡沫铜在碱和盐中浸泡后，表面形貌没有发生太大的变化，这与液体中离子浓度的结论是一致的。然而在酸中浸泡的泡沫铜，表面孔洞增大，这主要是由于 Cu 纳米粒子的氯氧化物外层发生溶解所致。由于 Cu 基材本身具有很好的耐酸特性，所以 Cu 的骨架被保留下来，从而使盐酸中的铜离子变化逐渐减小。

图 5-14　在酸、碱、盐中浸泡后超亲水泡沫铜表面 SEM 图

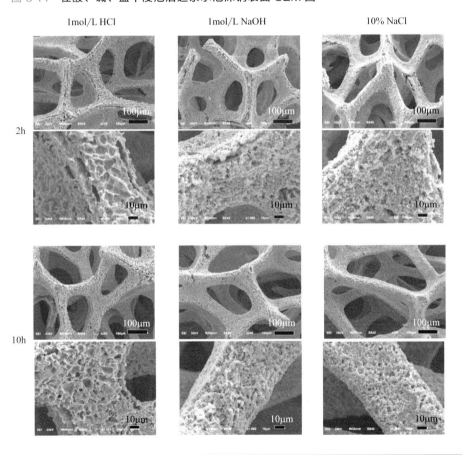

通过对浸泡之后液体中铜离子浓度以及泡沫铜形貌的分析，可以知道超亲水泡沫铜在碱和盐中具有高度的稳定性，而在酸中会发生部分溶解。测试水下油滴接触角（OCA）在不同 pH 值和盐溶液中的变化情况，如图 5-15(a) 所示，将溶液的 pH 值从 1 逐渐调节到 14，可以看到 OCA 基本保持在 155°～

160°，稳定性较好。同时测量 OCA 在酸、碱、盐溶液中随反应时间的变化情况（图 5-15）可知，对于一种溶液来说，OCA 基本保持稳定，但在不同腐蚀性溶液中，OCA 会有明显的差异，其中在酸中 OCA 最大，接近 160°，而在碱液中 OCA 最小，平均约为 150°。这种现象在第 4 章也有过讨论，这是因为在酸中含有较多缺质子的氢离子，而氯氧化物外壳具有一定的富电子特性，所以酸和超亲水泡沫铜的相互作用力较大，使泡沫铜表面吸附更厚的液膜，从而表现出更好的水下疏油特性。对于在酸中的泡沫铜，虽然亲水的氯氧化

图 5-15　超亲水泡沫铜水下油滴接触角在不同 pH 值和盐溶液中的变化情况

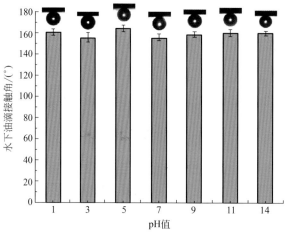

(a) 超亲水泡沫铜的水下油滴接触角随pH值的变化

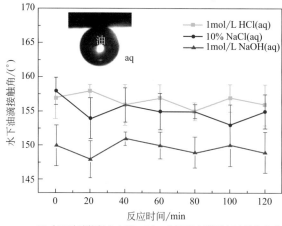

(b) 水下油滴接触角在酸、碱、盐溶液中随反应时间的变化

物外壳及表面结构均有一定程度的破坏，但 Cu 骨架结构保持完好。2015 年，Zhang 等[51] 报道了一种用铜纳米结构修饰的超亲水铜网用于油水分离，水下疏油特性及油水分离性能都非常好，意味着纯铜纳米结构也是一种很好的亲水材料并能用于油水分离。所以即使超亲水泡沫铜发生溶解，但其水下疏油性依然保持稳定。

最后，表征超亲水泡沫铜对三种含油腐蚀性溶液的分离效率。如图 5-16 所示，分离后溶液中的残油量均在 $3\mu g/g$ 以下，分离效率高于 99%，表现出很好的抗腐蚀性能。虽然泡沫铜在酸中会出现一定程度的溶解，但这不影响其后续的油水分离性能。必须注意的是，经过酸泡的泡沫铜，放置在空气中，可能会在铜结构表面形成疏水特性的氧化层，在进一步用于油水分离前，应将氧化层除去。

图 5-16　超亲水泡沫铜对三种腐蚀性溶液的油水分离性能

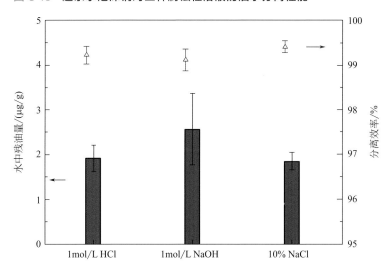

参考文献

[1] 陈粤. TiO$_2$ 纳米管阵列界面制备与功能应用. 广州：中山大学，2011.

[2] 罗智勇. 基于化学键极性的氟致超亲水原理及其油水分离应用. 广州：中山大学，2017.

[3] Tappan B C, Huynh M H, Hiskey M A, et al. Ultralow-density nanostructured metal foams: Combustion synthesis, morphology, and composition. J Am Chem Soc, **2006**, 128: 6589-6594.

[4] Zheng X, Lee H, Weisgraber T H, et al. Ultralight, ultrastiff mechanical metamaterials. Science, **2014**, 344: 1373-1377.

[5] 江雷, 冯琳. 仿生智能纳米界面材料. 北京: 化学工业出版社, 2007.

[6] Zhang J, Li C M, Nanoporous metals: fabrication strategies and advanced electrochemical applications in catalysis, sensing and energy systems. Chem Soc Rev, **2012**, 41:7016-7031.

[7] Grden M, Alsabet M, Jerkiewicz G. Surface science and electrochemical analysis of nickel foams. ACS Appl. Mat. Interfaces, **2012**, 4:3012-3021.

[8] Lin X, Lu F, Chen Y, et al. Electricity-induced switchable wettability and controllable water permeation based on 3D copper foam. Chem Commun, **2015**, 51:16237-16240.

[9] Zeng M, Li Y G. Recent advances in heterogeneous electrocatalysts for the hydrogen evolution reaction. Journal of Materials Chemistry A, **2015**, 3:14942-14962.

[10] Huang J F, Lin B T. Application of a nanoporous gold electrode for the sensitive detection of copper via mercury-free anodic stripping voltammetry. Analyst, **2009**, 134: 2306-2313.

[11] Li L, Liu Z Y, Zhang Q Q, et al. Underwater superoleophobic porous membrane based on hierarchical TiO_2 nanotubes: multifunctional integration of oil-water separation, flow-through photocatalysis and self-cleaning. Journal of Materials Chemistry A, **2015**, 3:1279-1286.

[12] An Q, Zhang Y, Lv K, et al. A facile method to fabricate functionally integrated devices for oil/water separation. NANOSCALE **2015**, 7:4553-4558.

[13] Biener J, Wittstock A, Zepeda-Ruiz L A, et al. Surface-chemistry-driven actuation in nanoporous gold. Nat Mater, **2009**, 8:47-51.

[14] Dong C, Zhong H, Kou T, et al. Three-dimensional Cu foam-supported single crystalline mesoporous Cu_2O nanothorn arrays for ultra-highly sensitive and efficient nonenzymatic detection of glucose. ACS Appl. Mat. Interfaces, **2015**, 7:20215-20223.

[15] Park M S, Lee N J, Lee S W, et al. High-energy redox-flow batteries with hybrid metal foam electrodes. ACS Appl. Mat. Interfaces, **2014**, 6:10729-10735.

[16] Shi Y, Xu Y, Zhuo S, et al. Ni_2P nanosheets/Ni foam composite electrode for long-lived and pH-tolerable electrochemical hydrogen generation. ACS Appl. Mat. Interfaces, **2015**, 7:2376-2384.

[17] Jin X, Shi B R, Zheng L C, et al. Bio-inspired multifunctional metallic foams through the fusion of different biological solutions. Adv Funct Mater, **2014**, 24:2721-2726.

[18] Choi H, Kim O H, Kim M, et al. Next-generation polymer-electrolyte-membrane fuel cells using titanium foam as gas diffusion layer. ACS Appl. Mat. Interfaces, **2014**, 6:7665-7671.

[19] Bi Z H, Paranthaman M P, Menchhofer P A, et al. Self-organized amorphous TiO_2 nanotube arrays on porous Ti foam for rechargeable lithium and sodium ion batteries. J Power Sources, **2013**, 222:461-466.

[20] Ke X, Xu Y T, Yu C C, et al. Pd-decorated three-dimensional nanoporous Au/Ni foam composite electrodes for H_2O_2 reduction. Journal of Materials Chemistry A, **2014**, 2: 16474-16479.

[21] Li Z, Chen Y, Xin Y, et al. Sensitive electrochemical nonenzymatic glucose sensing based on anodized CuO nanowires on three-dimensional porous copper foam. SCI REP-UK, **2015**, 5:16115.

[22] Hu Y, Lian H, Zhou L, et al. In situ solvothermal growth of metal-organic framework-5 supported on porous copper foam for noninvasive sampling of plant volatile sulfides. Anal Chem, **2015**, 87:406-412.

[23] Dey R S, Hjuler H A, Chi Q J. Approaching the theoretical capacitance of graphene through copper foam integrated three-dimensional graphene networks. Journal of Materials Chemistry A, **2015**, 3:6324-6329.

[24] Shouguang Y, Jiangwei D, Dong S, et al. Experimental investigation on the heat transfer performance of heat pipes with porous copper foam wicks. MATER RES INNOV, **2015**, 19:S5-617-S5-622.

[25] Stergioudi F, Kaprara E, Simeonidis K, et al. Copper foams in water treatment technology: Removal of hexavalent chromium. MATER DESIGN, **2015**, 87:287-294.

[26] Mahmoud M R, Lazaridis N K. Simultaneous removal of nickel(II) and chromium(VI) from aqueous solutions and simulated wastewaters by foam separation. Sep Sci Technol, **2015**, 50:1421-1432.

[27] Gao X, Zhou J, Du R, et al. Robust superhydrophobic foam: A graphdiyne-based hierarchical architecture for oil/water separation. Adv. Mater. , **2016**, 28:168-173.

[28] Song J L, Lu Y, Luo J, et al. Barrel-shaped oil skimmer designed for collection of oil from spills. Advanced Materials Interfaces, **2015**, 2:1500350.

[29] Zang D M, Wu C X, Zhu R W, et al. Porous copper surfaces with improved superhydrophobicity under oil and their application in oil separation and capture from water. Chem Commun, **2013**, 49:8410-8412.

[30] Yang H G, Sun C H, Qiao S Z, et al. Anatase TiO_2 single crystals with a large percentage of reactive facets. Nature, **2008**, 453:638-641.

[31] Yu H G, Yu J G, Liu S W, et al. Template-free hydrothermal synthesis of CuO/Cu_2O composite hollow microspheres. Chem Mater, **2007**, 19:4327-4334.

[32] Nikam A V, Aruikashmir A, Krishnamoorthy K, et al. pH-dependent single-step rapid synthesis of CuO and Cu_2O nanoparticles from the same precursor. Cryst Growth Des, **2014**, 14:4329-4334.

[33] Svintsitskiy D A, Kardash T Y, Stonkus O A, et al. In situ XRD, XPS, TEM, and TPR study of highly active in CO oxidation CuO nanopowders. The Journal of Physical Chemistry C, **2013**, 117:14588-14599.

［34］Susman M D, Feldman Y, Vaskevich A, et al. Chemical deposition of Cu₂O nano-crystals with precise morphology control. ACS Nano, **2014**, 8:162-174.

［35］Chopra T P, Longo R C, Cho K, et al. Ethylenediamine grafting on oxide-free H-, 1/3 ML F-, and Cl-terminated Si(111) surfaces. Chem Mater, **2015**, 27:6268-6281.

［36］Chatterjee P, Hazra S. Time evolution of a Cl-terminated Si surface at ambient conditions. The Journal of Physical Chemistry C, **2014**, 118:11350-11356.

［37］Shimizu K, Shchukarev A, Kozin P A, et al. X-ray photoelectron spectroscopy of fast-frozen hematite colloids in aqueous solutions. 5. Halide ion (F⁻, Cl⁻, Br⁻, I⁻) adsorption. Langmuir, **2013**, 29:2623-2630.

［38］Zhang L, Jing D, Guo L, et al. In situphotochemical synthesis of Zn-doped Cu₂O hollow microcubes for high efficient photocatalytic H₂ production. ACS Sustainable Chemistry & Engineering, **2014**, 2:1446-1452.

［39］Kawasaki M. Laser-induced fragmentative decomposition of fine CuO powder in acetone as highly productive pathway to Cu and Cu₂O nanoparticles. The Journal of Physical Chemistry C, **2011**, 115:5165-5173.

［40］Yao W T, Yu S H, Zhou Y, et al. Formation of uniform CuO nanorods by spontaneous aggregation: Selective synthesis of CuO, Cu₂O, and Cu nanoparticles by a solid-liquid phase arc discharge process. The Journal of Physical Chemistry B, **2005**, 109:14011-14016.

［41］Chaudhary A, Barshilia H C. Nanometric multiscale rough CuO/Cu(OH)₂ superhydrophobic surfaces prepared by a facile one-step solution-immersion process: transition to superhydrophilicity with oxygen plasma treatment. The Journal of Physical Chemistry C, **2011**, 115:18213-18220.

［42］Zhang, F, Zhang W B, Shi Z, et al. Nanowire-haired inorganic membranes with superhydrophilicity and underwater ultralow adhesive superoleophobicity for high-efficiency oil/water separation. Adv. Mater. , **2013**, 25:4192-4198.

［43］Zhang L, Zhong Y, Cha D, et al. A self-cleaning underwater superoleophobic mesh for oil-water separation. SCI REP-UK, **2013**, 3:2326.

［44］Wang L F, Zhao Y, Wang J M, et al. Ultra-fast spreading on superhydrophilic fibrous mesh with nanochannels. Appl Surf Sci, **2009**, 255:4944-4949.

［45］Lin X, Lu F, Chen Y, et al. One-step breaking and separating emulsion by tungsten oxide coated mesh. ACS Appl. Mat. Interfaces, **2015**, 7:8108-8113.

［46］Li J, Li D M, Yang Y X, et al. A prewetting induced underwater superoleophobic or underoil (su-per) hydrophobic waste potato residue-coated mesh for selective efficient oil/water separation. Green Chem, **2016**, 18:541-549.

［47］Li J, Yan L, Li H Y, et al. Underwater superoleophobic palygorskite coated meshes for efficient oil/water separation. Journal of Materials Chemistry A , **2015**, 3:14696-14702.

［48］Li J H, Cheng H M, Chan C Y, et al. Superhydrophilic and underwater superoleophobic mesh coating for efficient oil-water separation. RSC Advances, **2015**, 5:51537-51541.

［49］Li J, Kang R M, Tang X H, et al. Superhydrophobic meshes that can repel hot water and strong corrosive liquids used for efficient gravity-driven oil/water separation. NANOSCALE, **2016**, 8:7638-7645.

［50］Li J，Yan L，Li H Y，et al. A facile one-step spray-coating process for the fabrication of a superhydrophobic attapulgite coated mesh for use in oil/water separation. RSC Advances，**2015**，5:53802-53808.

［51］Zhang E S，Cheng Z J，Lv T，et al. Anti-corrosive hierarchical structured copper mesh film with superhydrophilicity and underwater low adhesive superoleophobicity for highly efficient oil-water separation. Journal of Materials Chemistry A，**2015**，3:13411-13417.

［52］Liu L，Chen C，Yang S，et al. Fabrication of superhydrophilic-underwater superoleophobic inorganic anti-corrosive membranes for high-efficiency oil/water separation. PCCP，**2016**，18:1317-1325.

Fluorine-Induced Superhydrophilicity Principles and Applications

氟致超亲水原理及应用

第6章

超亲水核-壳Ni修饰铜网
用于油水分离

无论是在超疏水油水分离还是在超亲水油水分离中，金属网材料都是最受青睐的一种材料，将超浸润材料用于油水分离就是在金属网材料的基础上发展起来的[1~5]。近年来，关于超亲水油水分离材料的报道中，金属网材料占有了绝对的主导地位。超亲水油水分离网材料主要的设计理念是利用亲水物质（如凝胶[6]、铜[7]、TiO_2[8,9]、$Cu(OH)_2$[10]、Cu_2S[11]、Co_3O_4[12]、沸石[13]或响应性亲水物质[14]等）修饰金属网，从而实现超亲水和水下超疏油的特性。

2011 年，Xue 等[6]用水凝胶修饰金属网，得到了超亲水网材料，该材料具有低黏附的水下超疏油特性和优异的油水分离性能，然而在水下浸泡时间过长后，水凝胶会发生体积膨胀，从而影响分离效率；2013 年，Zhang 等[10]利用水热法制备了 $Cu(OH)_2$ 纳米针修饰的金属网并将其用于油水分离，无论是形貌还是最终的油水分离性能，该材料均非常出色，但 $Cu(OH)_2$ 材料本身的稳定性将制约其应用；2014 年，Gondal 等[9]用喷涂的方法制备了 TiO_2 负载的金属网材料，其油水分离性能优异，并且理论计算和实验结合较好，但对设备要求较高，同时 TiO_2 亲水性的稳定程度较差；2015 年，Liu 等[15]用氧化石墨烯修饰金属网并通过进一步的 O_2 等离子体处理得到超亲水材料并用于油水分离，这种制备方法对设备要求高，超亲水稳定性有待商榷。由此可见，通过简便的工艺制备稳定的超亲水膜材料依旧是一大挑战，对油水分离具有重要意义。

前面着重介绍了表面氟基团的亲水机理，而在材料制备领域，氟离子的作用远不局限于此。2008 年，Yang 等[16]在氟离子作用下制备出了具有高比例（001）面的 TiO_2 晶体。（001）[17~19]面是 TiO_2 晶体中表面能较高的面，它的暴露一方面有利于提高表面能，另一方面会促进表面反应的进行[20,21]，形成表面极性基团。以上这两个方面都有利于材料发生亲水性转变。基于以上基础，期望通过在含有氟离子的溶液中进行 Ni 晶体的电沉积，从而得到具有高表面能 Ni 晶体修饰的表面，形成超亲水表面，并将其用于油水分离应用。

在含氟的中性电解质中将 Ni 晶粒沉积到铜网上，可形成超亲水铜网。由于氟离子的存在，沉积的 Ni 晶粒具有明显的几何外形，这是其晶面暴露的结果，同时由于表面反应的进行，会形成 Ni—NiO/Ni（OH）$_2$ 的核-壳结构。极性的 Ni 晶粒外壳使铜网具有很好的亲水性和水下超疏油性，这是氟致超亲水原理的延伸。通过简便的工艺制备稳定的超亲水铜网，该铜网还具有很好的油水分离性能、抗腐蚀性能以及重复使用性能。

6.1

制备及表征方法

6.1.1　超亲水铜网的制备

电沉积反应前，400 目铜网（3cm×3cm）先后在去离子水、乙醇、去离子水中进行超声清洗，除去污染物。然后用 10% 的硫酸溶液进行酸洗，除去表面氧化物，待用。电沉积过程在双电极系统中进行，用镍箔（3cm×3cm）作阳极，用铜网作阴极，两极距离为 1.5cm，恒温水浴温度控制为 25℃，其中电解质的组成为 0.15% 的氟化铵，99.85% 的去离子水。制备完成后，自然风干。

为了优化超亲水铜网的制备条件，一方面将电压设为 4V，反应时间分别为 2h、3h 和 4h；另一方面，将反应时间设定为 2h，外加电压分别为 4V、6V 和 8V。

6.1.2　液滴试验

超亲水铜网表面的静态接触角和动态水滴效果是通过 5μL 的水滴在表面上的铺展及渗透来表征的，这个过程通过高速摄像机（Vision Research Phantom V.211）在 3000 帧/秒的速率进行记录。同时，水下油接触角（OCA）、滚动接触角（OSA）和黏附效应是用 PTFE 微管来操控 5μL 油滴并用高速相机记录的，其中 OCA 和 OSA 分别测量五次，分析相对误差。

6.1.3　油水分离性能表征

选用正己烷、异辛烷、石油醚、对二甲苯以及煤油等五种油作为样本，用 10g 油与 60g 水混合并搅拌待用。将超亲水铜网置于带有法兰的两根石英管中并紧固密封，油水混合物在重力作用下经过铜网进行分离。分离后的水样（60mL）先用 1mol/L 的盐酸酸化到 pH＝1～2，然后加入 2g NaCl 去乳化。用 40mL 四氯化碳分两次进行萃取，萃取之后得到的四氯化碳用无水硫酸钠干燥，最后用红外测油仪（OIL-8，China）测量油含量，分别取三次结果，分析相对误差。

为了分析超亲水铜网的抗腐蚀性能，选用 1mol/L 的氢氧化钠、1mol/L

的盐酸以及 10％的氯化钠溶液，并研究泡沫铜在三种溶液中水下油接触角、油水分离性能以及分离后材料表面的 XPS 图谱的变化。同时，为了表征超亲水铜网的重复使用性能，取正己烷/水混合物为例进行 7 次油水分离，并分析重复试验前后的表面成分及形貌变化。

6.2
超亲水铜网

　　如图 6-1 所示，以镍箔作为镍源，在含氟电解质中将 Ni 纳米颗粒沉积在铜网上，沉积在铜网上的 Ni 颗粒均有核-壳结构，其中壳层为 NiO/Ni(OH)$_2$ 极性功能化层，从而使铜网呈超亲水性。然后，将超亲水铜网用于油水分离，基于网材料的超亲水性，材料表面会吸附一层水膜，阻止油组分直接接触，从而表现出水下超疏油特性。同时，结合铜网网孔的尺寸效应，可以实现油水分离。将油水混合物从铜网的上表面在重力作用下进行分离，可以看到蓝色的水（用亚甲基蓝染色）能通过铜网，而红色的油（用苏丹Ⅵ染色）被截留在铜网的上端，从而实现油水分离。铜网所能承受的油压与网孔尺寸有关，当网孔小到一定程度时，还可以用于乳液分离。

图 6-1　超亲水铜网的制备及其用于油水分离的原理图

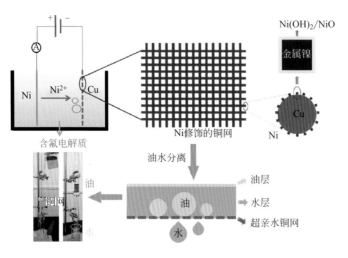

6.3
形貌、成分以及结构分析

材料的形貌、表面成分以及结构直接决定材料的浸润性，而浸润性又与其油水分离性能密切相关。如 6-2(a) 所示，超亲水铜网呈深灰色，这主要是 Ni 颗粒负载的结果。从水滴渗透情况来看，$5\mu L$ 水能在 15ms 迅速渗透过超亲水铜网，这么快的渗透速率可以确保油水分离快速进行，同时接触角小于 $10°$，水下油接触角可以达到 $160°$。这种超亲水超疏油性是油水分离的前提。图 6-2(b) 为电沉积前铜网的 SEM 形貌图，可知铜网表面是非常光滑的，孔径大小约为 $50\mu m$。电沉积后，铜网表面覆盖很多颗粒状的 Ni，表面粗糙度明显增加 [图 6-2(c)]，对 Ni 颗粒的进一步分析可知，颗粒具有较规则的几何外形。根据之前的报道[16,18]，TiO_2 晶体经过 F 离子处理会呈现规则的轮廓，同时 (001) 晶面会暴露出来。类比于此，可推测 Ni 晶粒的规则外形也与电解液中氟离子的存在有关。

图 6-2　**超亲水铜网的形貌以及表面元素分布**

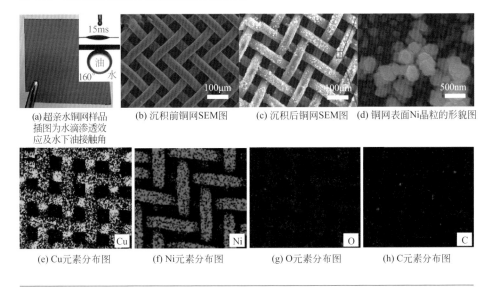

(a)超亲水铜网样品　　(b)沉积前铜网SEM图　　(c)沉积后铜网SEM图　　(d)铜网表面Ni晶粒的形貌图
插图为水滴渗透效
应及水下油接触角

(e)Cu元素分布图　　(f)Ni元素分布图　　(g)O元素分布图　　(h)C元素分布图

接着，通过 EDS 分析超亲水铜网表面的元素分布。从图 6-2(e)、(f) 中可以看出，Cu元素的信号最强，同时也呈现了铜网的结构特征；Ni元素的信号也比较强，但由于其分布在铜网的表面并受铜网表面起伏的影响，导致有些地方分布较少，但总体分布比较均匀；O元素来源于表面的氧化及氢氧化，分布也非常均匀；C元素主要来源于含碳污染物的表面吸附，信号较弱且无规律性。

从超亲水铜网的XRD分析结果来看［图6-3(a)］，其主要由Cu和Ni组成，这与标准卡片（JCPDS-04-0836[10]和JCPDS-04-0850[22,23]）是相吻合的，也就是说铜网上负载的主要成分为金属镍。为了进一步探究材料表面组成，对超亲水铜网进行XPS分析。如图6-3(b)所示，超亲水铜网表面由33.69% O、1.6% Cu、42.54% C以及22.19% Ni（原子分数）四种元素组成，其中Cu元素含量非常低，这主要是Cu表面有Ni颗粒覆盖，而XPS分析深度较浅所致。可以看到O元素的含量较高，这是因为Ni表面发生氧化甚至氢氧化。为了研究表面元素的化合态，对Ni 2p峰进行分峰处理［图6-3(c)］。根据之前的报道[23~26]，峰位置位于852.1eV、853.6eV以及855.5eV的峰分别对应于金属Ni、NiO以及Ni(OH)$_2$三种组分，Ni颗粒外层由80.8%的Ni(OH)$_2$和19.2%的NiO构成。

图6-3 **超亲水铜网的 XRD 和 XPS 分析**

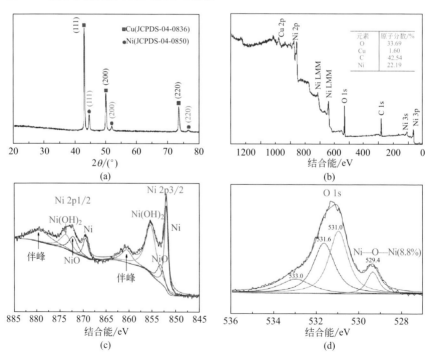

　　而对 O 1s 峰的分析可知，表面 O 由四种组分组成，其中峰位置在 529.4eV 为 NiO 中的 Ni—O 键[27]；峰位置位于 531.0eV、531.6eV 以及 533.0eV 归属于表面缺陷、表面羟基（如 Ni—OH，NiO—OH[22,28]）、吸附水分子等[23,29]。通过面积积分可知，NiO 所占比例为 8.8%，其余 91.2% 的成分为表面极性氧组分，这有利于形成超亲水材料。综上可知，Ni 晶粒由金属 Ni 核和 NiO/Ni(OH)$_2$ 外壳组成，极性的 NiO/Ni(OH)$_2$ 外壳是决定铜网超亲水性的关键。

　　进一步通过 TEM 对 Ni 晶粒的结构和成分进行解析。如图 6-4(a) 所示，Ni 晶粒具有非常清晰的刻面，这是晶体生长过程中氟离子作用的结果。对晶体进行选区电子衍射（SAED）分析可以明显看到 Ni 晶体的（111）和（200）两个晶面。对晶粒顶端的区域进行高分辨透射电镜（HRTEM）分析可知［图 6-4(b)］，晶粒的主体部分晶格尺寸为 0.176nm 和 0.203nm，分别对应金属 Ni(200) 和 Ni(111)[22,30]。而不规则的外层的晶格参数为 0.233nm，为 Ni(OH)$_2$ (101) 的特征值，对应 XRD 标准卡片 JCPDS-14-0117。外壳中 NiO 由于含量较少，因此无法在 HRTEM 图中直接找到其晶格参数。Ni 晶粒部分刻面不规则可能是由于表面氧化及氢氧化造成的。从 HRTEM 分析中可以直观地知道 Ni 晶粒具有 Ni—NiO/Ni(OH)$_2$ 的核-壳结构。从 STEM 的分析结果可知，表面的 Ni、O 元素分布均匀，O 元素含量较少，这主要是因为其主要分布在 Ni 晶粒的表层，这与前面的分析结论是一致的。

图 6-4　**Ni 晶粒结构和成分的 TEM 分析**

(a) Ni晶粒的TEM图
插图为电子衍射图

图 6-4

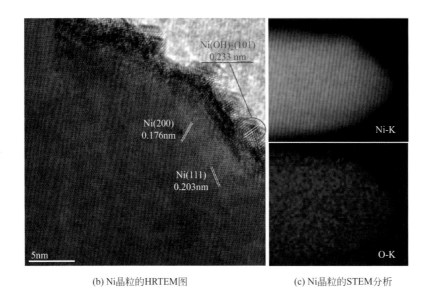

(b) Ni晶粒的HRTEM图　　　　　　(c) Ni晶粒的STEM分析

6.4
形成机理分析

$$阳极\qquad Ni \longrightarrow Ni^{2+} + 2e^- \qquad\qquad (6\text{-}1)$$

$$阴极\qquad H_2O \longrightarrow H^+ + OH^- \qquad\qquad (6\text{-}2)$$

$$2H^+ + 2e^- \longrightarrow H_2 \qquad\qquad (6\text{-}3)$$

$$Ni^{2+} + 2e^- \longrightarrow Ni \qquad\qquad (6\text{-}4)$$

$$Ni^{2+} + H_2O \longrightarrow NiO + 2H^+ \qquad\qquad (6\text{-}5)$$

$$Ni^{2+} + 2OH^- \longrightarrow Ni(OH)_2 \qquad\qquad (6\text{-}6)$$

在电沉积过程中，电解池中主要发生以上六个反应。在电解池的阳极，镍箔按式（6-1）发生溶解产生 Ni^{2+} 向阴极迁移。在阴极，一方面水分子发生电离［式(6-2)］，H^+ 在阴极得到电子生成 H_2［式(6-3)］；另一方面，Ni^{2+} 按式（6-4）发生还原反应沉积在铜网表面，在氟离子作用下得到具有规则外形的 Ni 颗粒。在反应的初始阶段，电解质溶液呈中性，Ni 颗粒表面 Ni^{2+} 会与水分子反应产生 NiO，同时产生的 H^+ 进一步还原成 H_2，促使反应式（6-5）进行。当 H_2 在阴极不断释放，溶液逐渐变为碱性，这时 Ni^{2+} 会与 OH^- 结合生成表面 $Ni(OH)_2$。由于反应式（6-4）～式（6-6）是随溶液 pH 变化而逐步进行，所以会形成 $Ni—NiO/Ni(OH)_2$ 的核-壳结构。随着 Ni 颗粒表面反应式（6-5）和式（6-6）的进行，Ni 颗粒部分清晰的刻面会被破坏。

6.5
液滴浸润试验

对超亲水铜网进行液滴试验。如图 6-5 所示，$5\mu L$ 水滴能在铜网上迅速铺展和渗透，在 7ms 时已基本渗透完成，在 15ms 时水滴保持静止，在微管下端有小液滴残留，这是铜网呈超亲水性的结果[31]。用 PTFE 微管操控静置于铜网表面的水下油滴，可见油滴在脱离铜网表面时没有发生较明显的形状变化，铜网具有水下油低黏附性和超疏油性［图 6-5（b）］。

水下油滴静态接触角（OCA）和滚动接触角（OSA）是材料油水分离中的两个重要参数。根据已有的报道[32～35]，在膜孔径合适的前提下，OCA 大于 150°且 OSA 小于 10°，则膜材料具有可预期的优异的油水分离性能。如图 6-5（c）所示，对于正己烷等五种选定的油类，OCA 均在 150°以上，并且 OSA 在 5°以下，膜材料浸润性已达到油水分离材料的要求。值得一提的是，与其他四种油相比，煤油的 OCA 较小而 OSA 较大，这对其最终的油水分离效率是不利的，这可能是由于煤油中含有部分亲水性杂质造成的。

图 6-5　**超亲水铜网的液滴试验**

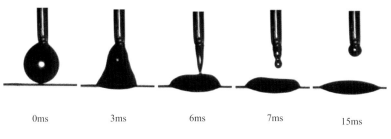

| 0ms | 3ms | 6ms | 7ms | 15ms |

(a) 水滴渗透试验

图 6-5

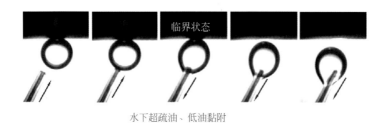

临界状态

水下超疏油、低油黏附

(b) 水下油滴黏附性试验

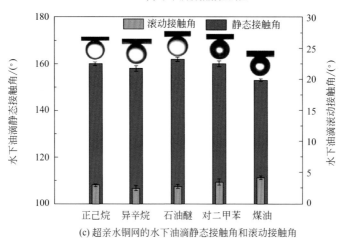

(c) 超亲水铜网的水下油滴静态接触角和滚动接触角

6.6
油水分离应用

6.6.1 沉积时间的影响

从前面的实验知道，超亲水铜网的浸润性已达到油水分离的基本要求。选用 400 目铜网为基材，为了优化超亲水铜网的沉积条件，将电沉积电压设定为 4 V，然后分别反应 2h、3h 和 4h，得到三种超亲水铜网。图 6-6 为铜网的 SEM 形貌图，从图中可以知道随着沉积时间的延长，铜网表面的 Ni 晶粒的量也随之增加，这可以从法拉第第一定律 [式(6-7)] 来解释：

$$m = zq = zIt \tag{6-7}$$

式中，m 为沉积的质量；q 为通过电解液的总电量；I 和 t 分别对应电流大小和时间；z 是一个电化学常数，定义为 1C 电量通过电解液时沉积的质量。所以可以通过延长电沉积时间和电流大小来增加 Ni 晶粒的沉积量。

图 6-6　**在外加电压为 4V 的条件下，不同反应时间的铜网 SEM 图**
图 (c) 中 TEM 图的标尺为 500nm

(a) 2h正面SEM图　　　　(b) 3h正面SEM图　　　　(c) 4h正面SEM图

(a′) 2h背面SEM图　　　　(b′) 3h背面SEM图　　　　(c′) 4h背面SEM图

从图 6-6(c) 中可以看到，Ni 晶粒通过一定的取向形成 Ni 晶枝，这是因为晶枝的生长遵循能量最低原理，在晶枝生长过程中，Ni 晶粒能量较高的面会通过晶粒之间的组合而连接起来，从而形成晶枝状 Ni。而超亲水铜网的背面沉积的 Ni 晶粒很少，这和电沉积过程中铜网的取向有关，从而使超亲水铜网呈现不对称性。这种不对称效应（Janus effect）对油水分离的影响会在第 7 章详细介绍，这里不作赘述。

然后对三种超亲水铜网的油水分离性能进行测试。图 6-7 为分别经过三种铜网分离之后，水中油含量的变化趋势。可知随着沉积时间的延长，铜网的分离效率有明显的提高，沉积 4h 之后，油水分离后水中残油量均在 $3\mu g/g$ 以下。分离效率的提高，一方面是由于 Ni 晶粒的增加，使铜网的亲水性和水下疏油性得到增强，另一方面是由于 Ni 晶枝的搭桥作用，使铜网的有效孔径变小。值得注意的是，煤油的油水分离效果相比其他几种油来说是最差的，这与液滴试验的结论是一致的，可能是由于煤油纯度不够，其中含有相对亲水的杂质，从而使其与水相的相互作用增强，分离难度增加。

图 6-7　外加电压为 4V，不同反应时间下的超亲水铜网的油水分离结果

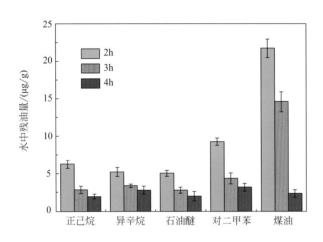

6.6.2　沉积电压的影响

由前述可知，Ni 晶粒沉积量的增加有利于油水分离效率的提高，然而从形貌上来看，铜网上负载的晶枝状 Ni 负载稳定性不够，这会影响到其后续的油水分离应用。根据法拉第第一定律，为提高 Ni 晶粒的沉积量，另一个有效途径就是提高电沉积电流，也就是提高外加电压。

这里，将沉积时间设定为 2h，然后分别将电压设为 4V、6V 和 8V，得到一个序列的超亲水铜网。如图 6-6(a) 和图 6-8 所示，随着外加电压的升高，Ni 晶粒的沉积量在不断增加。从高倍形貌图来看，铜网表面依旧是由具有一定几何外形的 Ni 晶粒组合而成的晶枝状 Ni 构成。晶枝状 Ni 分布的力学稳定性明显比提高沉积时间所得的样品要好，这可能是由于升高电压之后，沉积速率增加，晶枝中 Ni 晶粒的取向性变差，Ni 晶粒分布更为紧凑，所以负载稳定性增加，这对超亲水铜网的实际应用具有重要意义。图 6-9 为三种超亲水铜网的油水分离结果，其变化趋势基本与图 6-7 中类似，在 8V 电压下沉积 2h 的样品用于油水分离后，水中残油量在 $3\mu g/g$ 以下，性能优异，同时实际应用潜力增加。

图 6-8 沉积时间为 2h,不同外加电压下铜网的正面 SEM 图和样品高倍形貌图

(a) 6V时铜网的正面SEM图　　(b) 8V时铜网的正面SEM图

(c) 6V时图(a)对应样品的高倍形貌图　(d) 8V时图(b)对应样品的高倍形貌图

图 6-9 沉积时间为 2h,不同外加电压下的超亲水铜网的油水分离结果

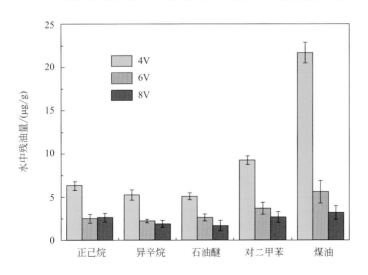

6.6.3 抗腐蚀性能

为了表征超亲水铜网的抗腐蚀性能，这里采用前述类似的方法，选用 1mol/L 的盐酸、氢氧化钠溶液以及 10% 的氯化钠溶液。同时选用在 8 V 外加电压下反应 2 h 的铜网作为研究对象。如图 6-10 所示，将铜网浸置于溶液中 120min，每隔 20min 测量 5 组数据。从图中可知在酸、碱、盐溶液中，OCA 均在很小的范围内波动，具有较好的稳定性。相比而言，在酸中 OCA 最大，平均约为 160°，而在碱中最小，约为 155°，这可能与铜网表面极性组分的变化有关系。

图 6-10　超亲水铜网 OCA 随腐蚀性溶液中浸泡时间的变化图
油滴为正己烷

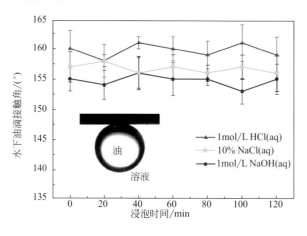

进而分析浸泡后铜网表面 Ni 组分的变化情况。图 6-11 为 Ni 2p3/2 的分峰结果，从图中可知，样品外壳中极性组分 $Ni(OH)_2$ 占总的 Ni 组分的 62.7%，经过酸、碱、盐溶液浸泡后，$Ni(OH)_2$ 所占比例分别为 78.1%、70.7% 以及 62.4%。在盐溶液中浸泡后，极性组分基本保持不变，而在酸、碱溶液中浸泡后，极性组分均有所增加，这可能是 $Ni(OH)_2$ 与 H^+/OH^- 相互作用，使表观极性组分的量增多，而实际 $Ni(OH)_2$ 的量保持不变。由于 $Ni(OH)_2$ 为碱性物质，与酸的相互作用较强，从而在铜网表面形成较厚的液膜，使水下疏油性增加，而在碱液中的情况则正好相反，所以 OCA 会出现图 6-10 的情况。图 6-12 为油/溶液的分离效果图，分离后水中残油量基本维持在一个很低的水平（4μg/g），油/碱液的分离效果相对较差，这与在碱溶液中超亲水铜网表面液膜

厚度较薄有关。总的来说，超亲水铜网具有较好的抗腐蚀性能。

图 6-11　**酸、碱、盐溶液中浸泡后超亲水铜网的 XPS 分析**

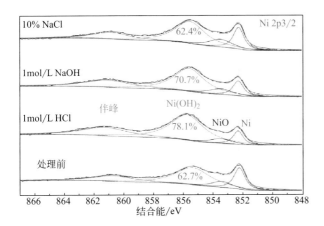

图 6-12　**超亲水铜网对油/溶液（酸、碱、盐）的分离效果**

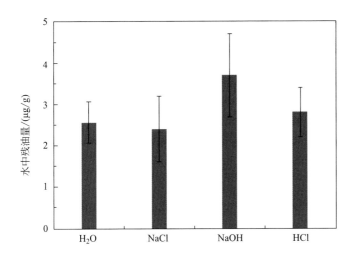

6.6.4　重复使用性能

　　材料的重复使用性能也是实际应用中的一个重要的参考值。这里考察在

8 V 外加电压下沉积 2h 的样品的重复使用性能，并表征使用前后形貌以及成分的变化情况。

如图 6-13 所示，用超亲水铜网进行 7 次油水分离实验，每一次实验后均用去离子水冲洗，可知油水分离后水中残油量在 2.5μg/g 上下波动，具有很好的重复性。

图 6-13　超亲水铜网在油水分离中的重复使用性能
插图为使用前后超亲水铜网表面的 SEM 形貌

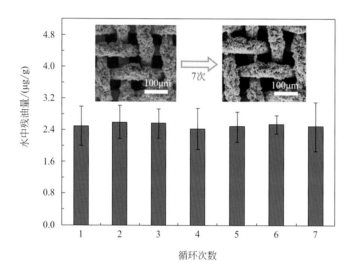

对于一个给定的膜材料，油水分离性能决定于其形貌和表面成分。从重复性实验前后的形貌来看，表面基本没有发生变化（图 6-13），这主要是由于 Ni 晶粒堆积较密集，与铜网之间的结合力较好。而使用前后，Ni 晶粒的极性 NiO/Ni(OH)$_2$ 也基本没有变化（图 6-14）。这就是超亲水铜网具有较好的重复使用性能的内在因素。

通过整体类比 TiO$_2$ 晶体在氟离子作用下暴露其高能面（001）面并能加速表面反应进行的实验现象[16,21]，在含有氟离子的中性电解质中通过电沉积的方法将具有规则几何外形的核-壳 Ni 晶粒沉积到铜网上，可得到超亲水铜网，并将其应用于油水分离。

在氟离子的作用下，沉积的 Ni 晶粒具有明显的刻面，同时由于电沉积过程中 H$_2$ 的释放，电解质溶液逐渐由中性向碱性转变，Ni 晶粒表面依次发生

图 6-14　**超亲水铜网重复使用前后表面 Ni 组分的 XPS 分析**

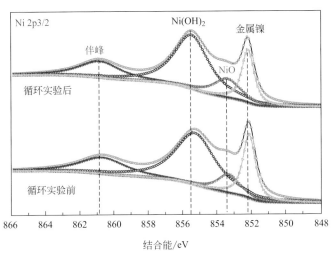

氧化和氢氧化反应，在 Ni 晶粒外层生成 NiO/Ni(OH)$_2$ 的极性亲水层，从而使铜网具有超亲水性和水下超疏油性。这是氟致超亲水原理的延伸。

从沉积时间和外加电压两个方面对超亲水铜网的油水分离性能进行优化，发现在外加电压 8V 下沉积 2h 得到的铜网，具有很好的油水分离性能（分离后水中残油量小于 3μg/g），同时力学稳定性、抗腐蚀性以及重复使用性能都非常出色。用该方法制备超亲水膜材料，原料廉价易得，操作简单，得到的材料性能优异，具有潜在的工业应用前景。

参考文献

[1] 陈粤. TiO$_2$ 纳米管阵列界面制备与功能应用. 广州：中山大学，2011.

[2] 罗智勇. 基于化学键极性的氟致超亲水原理及其油水分离应用. 广州：中山大学，2017.

[3] Young T. An Essay on the Cohesion of Fluids. Philosophical Transactions of the Royal Society of London, **1805**, 95: 65-87.

[4] 江雷，冯琳. 仿生智能纳米界面材料. 北京：化学工业出版社，2007.

[5] Feng L, Zhang Z Y, Mai Z H, et al. A super-hydrophobic and super-oleophilic coating mesh film for the separation of oil and water. Angew. Chem. Int. Ed. , **2004**, 43:2012-2014.

［6］Xue Z, Wang S, Lin L, et al. A novel superhydrophilic and underwater superoleophobic hydrogel-coated mesh for oil/water separation. Adv. Mater. , **2011**, 23:4270-4273.

［7］Zhang E S, Cheng Z J, Lv T, et al. Anti-corrosive hierarchical structured copper mesh film with superhydrophilicity and underwater low adhesive superoleophobicity for highly efficient oil-water separation. Journal of Materials Chemistry A, **2015**, 3:13411-13417.

［8］Zhang L, Zhong Y, Cha D, et al. A self-cleaning underwater superoleophobic mesh for oil-water separation. SCI REP-UK, **2013**, 3:2326.

［9］Gondal M A, Sadullah M S, Dastageer M A, et al. Study of factors governing oil-water separation process using TiO_2 films prepared by spray deposition of nanoparticle dispersions. ACS Appl. Mat. Interfaces, **2014**, 6:13422-13429.

［10］Zhang F, Zhang W B, Shi Z, et al. Nanowire-haired inorganic membranes with superhydrophilicity and underwater ultralow adhesive superoleophobicity for high-efficiency oil/water separation. Adv. Mater. , **2013**, 25: 4192-4198.

［11］Pi P H, Hou K, Zhou C L, et al. A novel superhydrophilic-underwater superoleophobic Cu_2S coated copper mesh for efficient oil-water separation. Mater Lett, **2016**, 182:68-71.

［12］Chen Y E, Wang N, Guo F Y, et al. A Co_3O_4 nano-needle mesh for highly efficient, high-flux emulsion separation. Journal of Materials Chemistry A, **2016**, 4:12014-12019.

［13］Wen Q, Di J C, Jiang L, et al. Zeolite-coated mesh film for efficient oil-water separation. Chem Sci, **2013**, 4:591-595.

［14］Kota A K, Kwon G, Choi W, et al. Hygro-responsive membranes for effective oil-water separation. Nat. Commun. , **2012**, 3:1025.

［15］Liu Y Q, Zhang Y L, Fu X Y, et al. Bioinspired underwater superoleophobic membrane based on a graphene oxide coated wire mesh for efficient oil/water separation. ACS Appl. Mat. Interfaces, **2015**, 7:20930-20936.

［16］Yang H G, Sun C H, Qiao S Z, et al. Anatase TiO_2 single crystals with a large percentage of reactive facets. Nature, **2008**, 453:638-641.

［17］Zhou P, Zhu X Yu J, et al. Effects of adsorbed F, OH, and Cl ions on formaldehyde adsorption performance and mechanism of anatase TiO_2 nanosheets with exposed {001} facets. ACS Appl. Mat. Interfaces, **2013**, 5:8165-8172.

［18］Ma X Y, Chen Z G, Hartono S B, et al. Fabrication of uniform anatase TiO_2 particles exposed by {001} facets. Chem Commun, **2010**, 46:6608-6610.

［19］Gordon T R, Cargnello M, Paik T, et al. Nonaqueous synthesis of TiO_2 nanocrystals using TiF_4 to engineer morphology, oxygen vacancy concentration, and photocatalytic activity. J Am Chem Soc, **2012**, 134:6751-6761.

［20］Yu S, Liu B, Wang Q, et al. Ionic liquid assisted chemical strategy to TiO_2 hollow nanocube assemblies with surface-fluorination and nitridation and high energy crystal facet exposure for enhanced photocatalysis. ACS Appl. Mat. Interfaces, **2014**, 6:10283-10295.

［21］Yu J, Low J, Xiao W, et al. Enhanced photocatalytic CO_2-reduction activity of anatase TiO_2 by coexposed {001} and {101} facets. J Am Chem Soc, **2014**, 136:8839-8842.

［22］Liu N，Li J，Ma W，et al. Ultrathin and lightweight 3D free-standing Ni＠NiO nanowire membrane electrode for a supercapacitor with excellent capacitance retention at high rates. ACS Appl. Mat. Interfaces，**2014**，6:13627-13634.

［23］Zhang C，Qian L H，Zhang K，et al. Hierarchical porous Ni/NiO core-shells with superior conductivity for electrochemical pseudo-capacitors and glucose sensors. Journal of Materials Chemistry A，**2015**，3:10519-10525.

［24］Lu P，Lei Y，Lu S，et al. Three-dimensional roselike alpha-Ni(OH)$_2$ assembled from nanosheet building blocks for non-enzymatic glucose detection. Anal Chim Acta，**2015**，880: 42-51.

［25］Ma J Y，Yin L W，Ge T R. 3D hierarchically mesoporous Cu-doped NiO nanostructures as high-performance anode materials for lithium ion batteries. CrystEngComm，**2015**，17: 9336-9347.

［26］Zhang L，Xiong K，Chen S G，et al. In situ growth of ruthenium oxide-nickel oxide nanorod arrays on nickel foam as a binder-free integrated cathode for hydrogen evolution. J Power Sources，**2015**，274:114-120.

［27］Alammar T，Shekhah O，Wohlgemuth J，et al. Ultrasound-assisted synthesis of mesoporous β-Ni(OH)$_2$ and NiO nano-sheets using ionic liquids. J Mater Chem，**2012**，22: 18252-18260.

［28］Li J H，Cheng H M，Chan C Y，et al. Superhydrophilic and underwater superoleophobic mesh coating for efficient oil-water separation. RSC Advances，**2015**，5:51537-51541.

［29］Yang H，Xu H，Li M，et al. Assembly of NiO/Ni(OH)$_2$/PEDOT nanocomposites on contra wires for fiber-shaped flexible asymmetric supercapacitors. ACS Appl. Mat. Interfaces，**2016**，8:1774-1779.

［30］He L，Liao Z M，Wu H C，et al. Memory and threshold resistance switching in Ni/NiO core-shell nanowires. Nano Lett，**2011**，11:4601-4606.

［31］Sun R Z，Bai H，Ju J，et al. Droplet emission induced by ultrafast spreading on a superhydrophilic surface. Soft Matter，**2013**，9:9285-9289.

［32］Gao X，Xu L P，Xue Z，et al. Dual-scaled porous nitrocellulose membranes with underwater superoleophobicity for highly efficient oil/water separation. Adv. Mater.，**2014**，26: 1771-1775.

［33］Zhang J Q，Xue Q Z，Pan X L，et al. Graphene oxide/polyacrylonitrile fiber hierarchical-structured membrane for ultra-fast microfiltration of oil-water emulsion. Chem Eng J，**2017**，307: 643-649.

［34］Zhou C L，Cheng J，Hou K，et al. Preparation of CuWO$_4$＠Cu$_2$O film on copper mesh by anodization for oil/water separation and aqueous pollutant degradation. Chem Eng J，**2017**，307:803-811.

［35］Yang S，Si Y，Fu Q，et al. Superwetting hierarchical porous silica nanofibrous membranes for oil/water microemulsion separation. NANOSCALE，**2014**，6:12445-12449.

Fluorine-Induced Superhydrophilicity Principles and Applications

氟致超亲水原理及应用

第7章

不对称效应对材料油水分离性能的影响

不对称效应也称 Janus 效应，是指在一种材料中出现不同甚至截然相反的两种性质而产生的特殊效应[1~4]，对应的材料即为 Janus 材料。近年来，关于 Janus 材料的报道主要涉及 Janus 膜材料[5,6]、Janus 颗粒等[7~9]。就 Janus 球形颗粒而言，它包括性质相对的两个半球，其中最典型的应用是用于稳定多相乳液[10]。相对于 Janus 颗粒，Janus 膜则有着更为广泛的用途，比如油水分离[11~14]、雾水收集[15]、气体分离[6,16,17]、液体传输[18,19] 等。

对于油水分离而言，所要讨论的 Janus 膜材料是指膜的上下两个面有着不同的浸润性能，研究清楚这种不对称效应对于油水分离的影响，有助于设计出高性能的油水分离材料。在已有的报道中[11,13]，Janus 膜通常用来进行乳液分离，效果比较理想。然而，这些膜材料的孔径非常小，膜背面的浸润性对液体传输的影响几乎可以忽略不计。在膜孔径进一步扩大的条件下，膜背面的浸润性会对液体传输产生较大的影响，这种情况下，Janus 效应是否会进一步促进油水分离呢？

前面介绍了一种用 Ni—NiO/Ni(OH)$_2$ 核-壳颗粒修饰的超亲水铜网，并研究其在油水分离中的应用。这种材料的上下表面有着不同的形貌，而这种不对称性对油水分离有什么影响，是需要深入研究的内容。本章通过选择性电沉积的方法制备 Ni—NiO/Ni(OH)$_2$ 核-壳 Ni 颗粒修饰的铜网，其中确保铜网的上表面（Janus A）为超亲水性，并控制下表面（Janus B）由疏水逐渐变为超亲水，并阐述 Janus B 面的浸润性对铜网油水分离性能的影响；同时研究不对称铜网的方向性对油水分离性能的影响。

7.1
制备及表征方法

7.1.1 对称铜网及不对称铜网的制备

在电沉积之前，400 目铜网（3cm×3cm）先后在去离子水、乙醇、去离子水中进行超声清洗，除去污染物。然后用 10% 的硫酸溶液进行酸洗，除去表面氧化物，待用。电沉积过程在双电极系统中进行，用镍箔（3cm×3cm）作阳极，用铜网作阴极，两极距离为 2cm，恒温水浴温度控制为 25℃，电解质为 0.15% 的氟化铵，99.85% 的去离子水，电压为 8V。制备完成后，自然风干。

为了制得不对称铜网，在电沉积前用胶带将一面遮住（图 7-1），然后在电解池中沉积 1h，这样铜网正面为 Ni 颗粒负载，背面完全没有 Ni 颗粒。作为对比，在铜网没有胶带覆盖的前提下，先在正面沉积 1h，然后在背面分别沉积 0h、0.5h、1h，得到另外三个对比样品（图 7-2）。需要说明的是，对于背面沉积 0h 的样品，与用胶带遮挡的样品是不同的，因为在正面沉积 1 h 的过程中，也会有极少量 Ni 负载在背面，这在后面会有体现。

图 7-1　**对称铜网和不对称铜网的制备流程示意图**

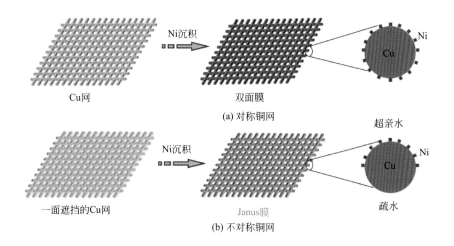

图 7-2　**制备对称及不对称铜网的装置示意图**

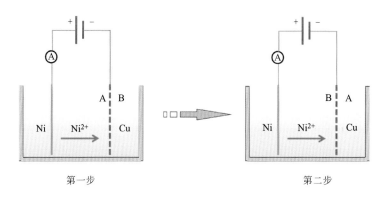

　　为了更好地阐述不对称效应对铜网油水分离性能的影响，先对比分析背面用胶带覆盖的不对称铜网与对称铜网在形貌、成分以及油水分离

性能上的差异。然后将铜网背面（Janus B）的浸润性从疏水通过 Ni 沉积逐渐转变为亲水，并研究 Janus B 面浸润性对油水分离性能的影响。最后，在两面都达到超亲水的前提下，研究不对称铜网的取向对油水分离的影响。

7.1.2　液滴试验

铜网表面的静态接触角和动态水滴效果是通过 5μL 的水滴在表面上的铺展及渗透来表征的，这个过程通过高速摄像机（Vision Research Phantom V.211）在 3000 帧/秒的速率下进行记录。同时，OCA、OSA 是用微量进样器操控 5μL 油滴并用高速相机记录的，其中 OCA 和 OSA 分别测量五次，分析相对误差。为了测量铜网所能承受的油压，测量油柱的高度，并通过公式 (7-1) 计算得到油压，取三次结果，计算相对误差。

$$\Delta p_{\exp} = \rho g h_{\max} \tag{7-1}$$

式中，$\Delta p_{\exp}$ 为铜网所能承受的油压；ρ 为油密度；$h_{\max}$ 为油柱最大高度；g 为重力加速度。

7.1.3　油水分离性能表征

选用正己烷、异辛烷、石油醚、对二甲苯以及煤油等五种油作为样本，用 10g 油与 60g 水混合并搅拌待用。将铜网置于带有法兰的两根石英管中并紧固密封，油水混合物在重力作用下经过铜网进行分离。分离后的水样（60mL）先用 1mol/L 的盐酸酸化到 pH＝1～2，然后加入 2g NaCl 去乳化。用 40mL 四氯化碳分两次进行萃取，萃取之后得到的四氯化碳用无水硫酸钠干燥，最后用红外测油仪（OIL-8，China）测量油含量，分别取三次结果，分析相对误差。

7.2
形貌与成分分析

如图 7-3 为对称铜网与不对称铜网的微观形貌，从图中可知铜网孔径约为 50μm，对称铜网的上下表面都覆盖着大小不一的纳米颗粒，纳米颗粒之间相互堆积成纳米花状，上下表面的形貌基本一致。而对于不对称铜网而言，由于背面在电沉积过程中用胶带覆盖，所以完全没有纳米颗粒负载，不对称铜网的正面形貌与对称铜网也几乎完全相同。

图 7-3　对称铜网和不对称铜网的微观形貌
标尺为 1μm

(a) 对称铜网正面图　　　　　(b) 对称铜网背面图　　　　　(c) 对称铜网截面图

(d) 不对称铜网正面图　　　(e) 不对称铜网背面图　　　(f) 不对称铜网截面图

　　如图 7-4(a) 所示，XRD 分析结果显示样品由金属 Cu 与 Ni 两种晶型构
成，这与标准卡片（JCPDS-04-0836 和 JCPDS-04-0850）是一致的，铜网表
面覆盖的物质为金属 Ni 颗粒。然后对样品进行 XPS 分析，由于对称铜网上
下表面的形貌和形成条件均一致，这里只对其中的一个面进行分析，同时对
比分析不对称铜网的正面（Janus A）和背面（Janus B）。图 7-4(b) 中，
Janus A 面的 XPS 全谱与对称铜网基本一致，这与形貌分析的结果是一致的，
而 Janus B 面在 Ni 2p 峰和 C 1s 峰的位置处与前两者完全不同。

　　为了进一步研究 Janus B 面的物质以及化合形态与 Janus A 面以及对称铜网
两个面的差异，对表面 Ni 以及 C 这两种可能影响表面浸润性的元素进行分析。
如图 7-4(c) 所示，对称铜网以及 Janus A 表面 Ni 的含量及组成基本相同，Ni
颗粒具有 Ni—NiO/Ni(OH)$_2$ 核-壳结构，这在前面已经进行深入的分析，同时
由于 Ni 颗粒 NiO/Ni(OH)$_2$ 极性外壳的存在，使其具有很好的亲水性。而
Janus B 面几乎没有 Ni 颗粒覆盖，这对形成亲水界面是不利的。从 C 1s 的分析
结果看 ［图 7-4(d) ］，Janus B 面的 C 含量是最高的，同时根据已有文献报

道[20~24]，其组成包含 C—C、C—O—C 及 O—C═O 等有机官能团，这些 C 组分可能来源于空气中的有机污染物，这些有机污染物的吸附会使表面呈现疏水特性。而对称铜网及 Janus A 表面有机污染物的含量要低得多。

图 7-4　对称铜网以及不对称铜网的 XRD 和 XPS 分析

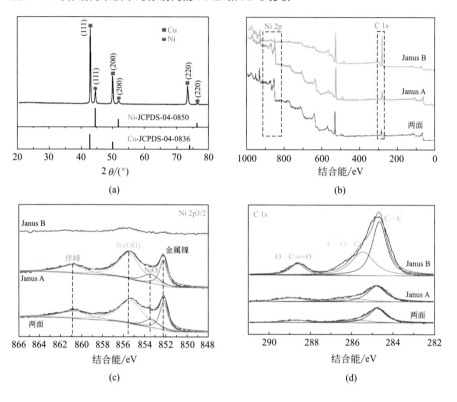

对铜网的水滴渗透性及液滴浸润性进行测试。如图 7-5(a) 所示，在双面呈超亲水性的对称铜网上，水滴迅速铺展并在 4ms 时开始往下渗透，到 18ms 时水滴完全渗透。而在上表面为超亲水、下表面为疏水的不对称铜网上，水滴也能在 18ms 内迅速铺展，但没有发生渗透［图 7-5(b)］，这与上下

7.3
表面浸润性分析

表面的浸润性差异有关，会在后面进行重点分析。水滴释放后微量进样器上会有残留的小液滴，这是因为铜网上表面具有超亲水性，这个现象在以前的报道[25] 以及第 6 章都有提到。

图 7-5　对称铜网和不对称铜网的水滴渗透性以及液体浸润性分析

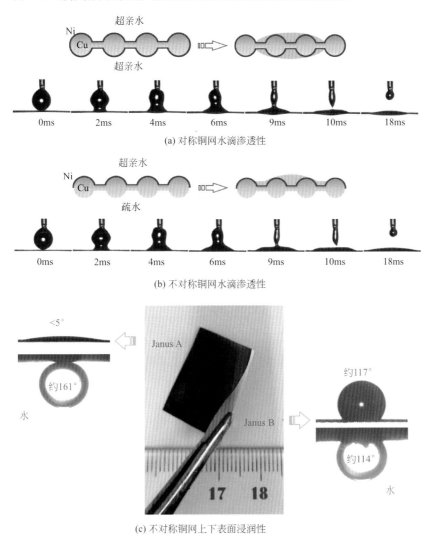

(a) 对称铜网水滴渗透性

(b) 不对称铜网水滴渗透性

(c) 不对称铜网上下表面浸润性

从不对称铜网上下表面的浸润性来看 [图 7-5(c)]，上表面（Janus

A）水滴静态接触角（CA）小于 5°，表现为超亲水性，而水下油滴接触角（OCA）约为 161°，这种超亲水及水下超疏油特性对油水分离非常有利。而对于下表面（Janus B），CA 约为 117°，呈疏水性；OCA 约为 114°，这对油水分离是不利的。进一步对油滴在上表面的 OCA 以及 OSA 进行测试（图 7-6），发现对于五种油，OCA 均在 155° 以上，OSA 基本上都维持在很小的水平（2°～3°），这为油水分离提供了良好的基础。那么由超亲水表面与疏水表面组成的不对称铜网，会对油水分离性能产生怎样的影响呢？

图 7-6　铜网上表面的 OCA 以及 OSA 测试结果

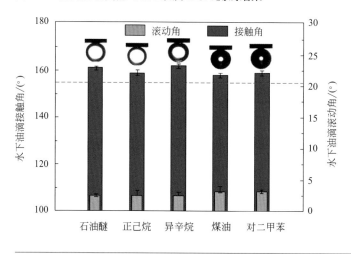

7.4
油水分离实验

如图 7-7 所示，对于超亲水对称铜网，油水分离性能优异，分离后油被截留在铜网的上端，而且铜网能承受一定的油压。而不对称铜网则无法实现有效的油水分离。从本质上来说，超亲水膜材料之所以能实现油水分离，一个重要的因素是膜材料表面会形成一层阻碍油通过的水膜，而阻碍油相通过的能力可以通过临界油压来表征。

图 7-7　**对称铜网及不对称铜网的可视化油水分离实验**

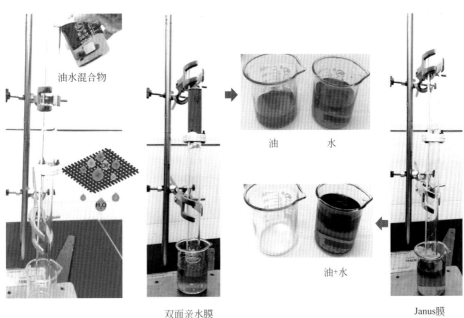

　　为了进一步研究铜网的油水分离性能，对其理论油压进行建模，如图 7-8 所示为铜网油压的理论分析图。根据以往的研究[26]，膜材料所能承受的理论油压可以通过式（7-2）进行计算：

$$\Delta p = -\frac{2\gamma \cos\theta}{d} \qquad\qquad (7\text{-}2)$$

　　式中，Δp 为理论油压；γ 为界面张力；d 为膜材料孔道的尺寸大小；θ 为接触角。

　　① 如图 7-8（a）所示，对于超亲水对称铜网而言，当水接触铜网后，$\theta_a < 5°$，这时 $\Delta p_1 < 0$，会产生向下的压力使水自发渗透过铜网；而当油水混合物接触润湿过的铜网时，$\theta_b > 150°$，$\Delta p_2 > 0$，在水油界面会产生向上的 Laplace 压力，这时铜网能承受一定的油压，从而实现油水分离。

　　② 对于没有润湿的不对称铜网来说 ［图 7-8（c）］，$\theta_c > 90°$，［如图 7-8（c），$\theta = 117°$］，$\Delta p_3 > 0$，水无法自发通过，从而出现图 7-8（b）水滴被截留在铜网上方的现象；当油水混合物接触铜网，由于上表面呈超亲水特性，会优先在铜网表面形成水膜，当承受一定的油压时，一方面水气界面会产生

Δp_3 向上的压力，另一方面会在油水界面产生 Δp_4 向上的压力，使水和油都无法通过，从而无法实现油水分离。

图 7-8　不同情况下的油水分离模型分析图

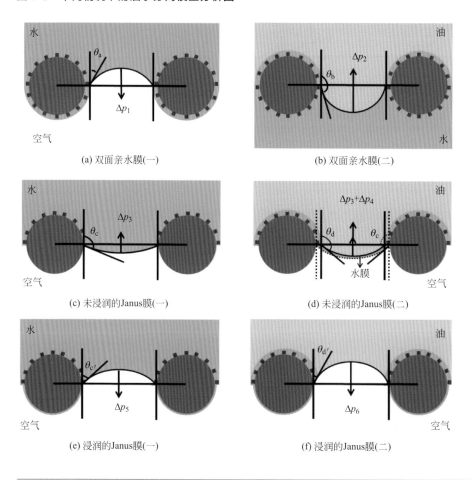

(a) 双面亲水膜(一)　　　　　　　(b) 双面亲水膜(二)

(c) 未浸润的Janus膜(一)　　　　　(d) 未浸润的Janus膜(二)

(e) 浸润的Janus膜(一)　　　　　　(f) 浸润的Janus膜(二)

③ 在实际应用中，为了使超亲水材料具有油水分离性能，应将材料浸置于水中负载一层水膜。对于浸润后的不对称铜网而言，浸润性会发生变化，如图 7-9 所示。当水接触铜网时，$\theta_{c'}<90°$，$\Delta p_5<0$，水会自发渗透过铜网，同时由于铜网背面浸润性较差，无法形成阻挡油通过的水膜，所以 $\theta_{d'}<90°$，$\Delta p_6<0$，油会和水一同自发通过铜网，这种情形下，不对称铜网也无法实现有效的油水分离。

图 7-9　润湿后不对称铜网背面的浸润性分析

图 7-10　铜网背面 OCA 随电沉积时间的变化关系图

7.4.1　背面浸润性对油水分离的影响

前面阐述了背面为超亲水以及背面为疏水的两种极端情况下的铜网的油水分离性能的差异，发现背面呈疏水特性的铜网不能用于油水分离。为了更进一步研究铜网背面的浸润性对油水分离性能的影响，通过在铜网背面逐渐增加 Ni 沉积来使背面的浸润性由疏水向超亲水过渡。

如图 7-10 所示，铜网正面通过 Ni 沉积 1h，得到超亲水界面，而背面分别通过遮挡以及不遮挡并沉积 0h、0.5h、1h，得到四个对照样品。遮挡的样品背面完

图 7-10　铜网背面 OCA 随电沉积时间的变化关系图

插图为铜网背面的 SEM 形貌图以及相对应的 OCA

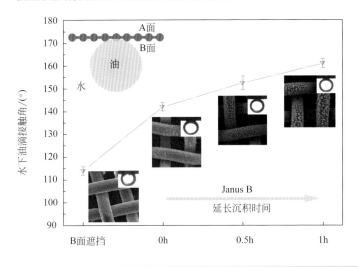

全没有 Ni 颗粒负载，而其他三个样品随着电沉积时间的延长，铜网背面的 Ni 颗粒逐渐增多。需要说明的是，在不遮挡情况下背面沉积 0h 的样品也有少量 Ni 颗粒的负载，这是在正面沉积过程中形成的。同时，随着铜网背面 Ni 颗粒的增多，亲水性增强，OCA 由约 114°增大到 161°，水下超疏油性增加。亲水疏油特性的增强由亲水性的 Ni 颗粒决定，一方面 Ni 颗粒的增加使铜网背面表面能提高，另一方面，背面由于 Ni 颗粒沉积形成的纳米结构进一步促进了其亲水疏油特性。

在此基础上分析不同样品油水分离性能的差异。由于背面遮挡后呈疏水性的样品不具备油水分离性能，这里不再考虑。从图 7-11 可以看出，对于五种油类，背面沉积 1h 的样品的油水分离性能最好，分离效率均在 99.5％以上，而背面不沉积的样品油水分离效率较差，对于效果最差的对二甲苯，其分离效率甚至在 98％以下。综上可知，随着铜网背面浸润性的提高，油水分离性能提高。为了解释这一现象，将从铜网的水负载量以及临界油压两个方面进行分析。

图 7-11　铜网背面沉积不同时间的样品的油水分离性能对比图

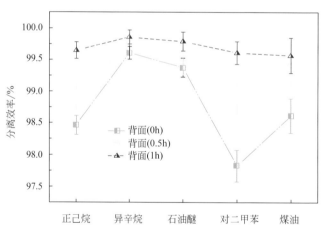

根据已有文献报道[27]，已知超亲水膜材料的水负载量对其油水分离性能有重要影响。分别测量四种铜网的水负载量，如图 7-12 所示，可以看到，随着铜网背面 Ni 颗粒的增多，水负载量也从约 27％提高到 40％以上。这一方面得益于表面亲水性的提高，另一方面，表面微纳结构形成的毛细力使表面能负载更多的水量。水负载量的提高，使水膜厚度增加，从而形成对油相的阻挡层，有利于油水分离的进行。

图 7-12　铜网水负载量随背面电沉积时间的变化规律图

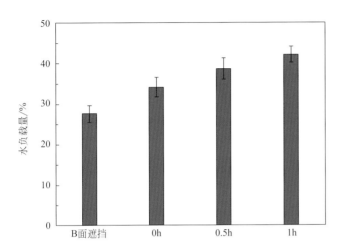

前面提到，临界油压对膜材料的油水分离性能来说至关重要。这里，从理论计算和实验两个方面对比分析三个样品的临界油压的大小，其中，实验值通过式（7-1）得到，而理论计算值通过式（7-2）来计算。从图 7-13 中可

图 7-13　背面沉积不同时间的铜网的临界油压（实验值与计算值）对比图

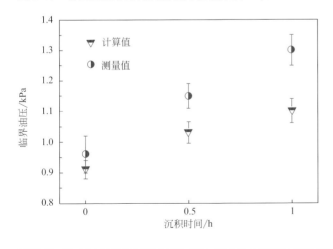

知，随着背面 Ni 沉积时间的延长，临界油压逐渐提高，最大油压的实验值和计算值分别可以达到 1.3kPa 和 1.1kPa，这对油水分离来说是非常有利的。然而随着沉积时间的延长，实验值与计算值的差异越来越大，这是因为理论计算公式是基于表面的微米级结构而推导出来的，其中没有考虑到纳米结构的影响，实验中 Ni 颗粒的沉积会在表面产生纳米结构，使临界油压增大。从水负载量和临界油压两个方面来看，背面 Ni 颗粒沉积量的增加都有利于分离效率的提高。虽然不对称膜在乳液分离中表现出较好的性能，但当孔径增大时，背面对液体的传输的影响增大，这种不对称效应不利于油水分离的进行，这对后续高性能油水分离膜材料的设计是一个很好的参考。

7.4.2 不对称膜取向对油水分离的影响

对于超亲水油水分离材料而言，OCA 达到 150°以上对其油水分离性能有利[27~29]。这里，选用的铜网正面和背面的 Ni 沉积时间分别为 1h 和 0.5h，也就是说两个表面的 OCA 均达到 150°以上。如图 7-14 所示，分别研究铜网

图 7-14 不对称膜取向对油水分离的影响

（a）不对称铜网正向油水分离示意图;

（b）不对称铜网反向油水分离示意图;

（c）油水分离结果对比图

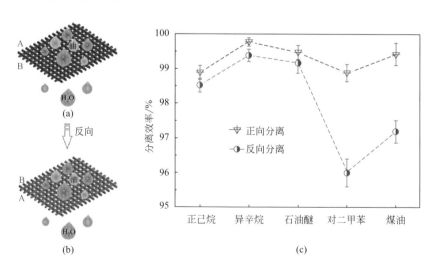

正向和反向两种情况下的油水分离性能，从图中可知，对于同一个不对称铜网，正向油水分离性能比反向好。从这个实验得出结论：虽然膜材料的背面的浸润性对其油水分离性能有较大影响，但正面浸润性的影响更大。这为设计出更高性能的油水分离材料提供了依据[30]。

参考文献

[1] 陈粤. TiO$_2$ 纳米管阵列界面制备与功能应用. 广州：中山大学，2011.

[2] 罗智勇. 基于化学键极性的氟致超亲水原理及其油水分离应用. 广州：中山大学,2017.

[3] Percec V，Wilson D A，Leowanawat P，et al. Self-assembly of Janus dendrimers into uniform dendrimersomes and other complex architectures. Science,**2010**，328:1009-1014.

[4] Tu F，Lee D，Shape-changing and amphiphilicity-reversing Janus particles with pH-responsive surfactant properties. J Am Chem Soc，**2014**，136:9999-10006.

[5] Han D，Xiao P，Gu J C，et al. Polymer brush functionalized Janus graphene oxide/chitosan hybrid membranes. RSC Advances，**2014**，4:22759-22762.

[6] Zhou T T，Luo L，Hua S，et al. Janus composite nanoparticle-incorporated mixed matrix membranes for CO$_2$ separation. J MEMBRANE SCI，**2015**，489:1-10.

[7] Hiekkataipale P，Lobling T I，Poutanen M，et al. Controlling the shape of Janus nanostructures through supramolecular modification of ABC terpolymer bulk morphologies. Polymer，**2016**，107:456-465.

[8] Zarzar L D，Sresht V，Sletten E M，et al. Dynamically reconfigurable complex emulsions via tunable interfacial tensions. Nature，**2015**，518:520-524.

[9] Christian D A，Tian A W，Ellenbroek W G，et al. Spotted vesicles，striped micelles and Janus assemblies induced by ligand binding. Nat Mater，**2009**，8:843-849.

[10] Groschel A H，Walther A，Lobling T I，et al. Facile，solution-based synthesis of soft，nanoscale Janus particles with tunable Janus balance. J Am Chem Soc，**2012**，134:13850-13860.

[11] Gu J，Xiao P，Chen J，et al. Janus polymer/carbon nanotube hybrid membranes for oil/water separation. ACS Appl. Mat. Interfaces，**2014**，6:16204-16209.

[12] Zhou H，Wang H X，Niu H T，et al. Superphobicity/philicity Janus fabrics with switchable，spontaneous，directional transport ability to water and oil fluids. SCI REP-UK，**2013**，3:2964.

[13] Wang Z J，Wang Y，Liu G J. Rapid and efficient separation of oil from oil-in-water emulsions using a Janus cotton fabric. Angew. Chem. Int. Ed. ，**2016**，55:1291-1294.

[14] Wang H X，Zhou H，Niu H T，et al. Dual-layer superamphiphobic/superhydrophobic-oleophilic nanofibrous membranes with unidirectional oil-transport ability and strengthened oil-water separation performance. Advanced Materials Interfaces，**2015**，2:1400506.

［15］Cao M, Xiao J, Yu C, et al. Hydrophobic/hydrophilic cooperative Janus system for enhancement of fog collection. Small, **2015**, 11:4379-4384.

［16］Yang H C, Hou J, Chen V, et al. Janus membranes: Exploring duality for advanced separation. Angew. Chem. Int. Ed. , **2016**, 55:13398-13407.

［17］Hou J W, Ji C, Dong G X, et al. Biocatalytic Janus membranes for CO_2 removal utilizing carbonic anhydrase. Journal of Materials Chemistry A, **2015**, 3:17032-17041.

［18］Wang H, Zhou H, Yang W, et al. Selective, spontaneous one-way oil-transport fabrics and their novel use for gauging liquid surface tension. ACS Appl. Mat. Interfaces, **2015**, 7:22874-22880.

［19］Tian X L, Jin H, Sainio J, et al. Droplet and fluid gating by biomimetic Janus membranes. Adv Funct Mater, **2014**, 24:6023-6028.

［20］Toh S Y, Loh K S, Kamarudin S K, et al. Graphene production via electrochemical reduction of graphene oxide: Synthesis and characterisation. Chem Eng J, **2014**, 251: 422-434.

［21］Chen D, Feng H, Li J. Graphene oxide: preparation, functionalization, and electrochemical applications. Chem Rev, **2012**, 112:6027-6053.

［22］Dreyer D R, Todd A D, Bielawski C W. Harnessing the chemistry of graphene oxide. Chem Soc Rev, **2014**, 43:5288-5301.

［23］Jeon I Y, Shin Y R, Sohn G J, et al. Edge-carboxylated graphene nanosheets via ball milling. Proceedings of the National Academy of Sciences, **2012**, 109:5588-5593.

［24］Chang D W, Baek J B. Eco-friendly synthesis of graphene nanoplatelets. Journal of Materials Chemistry A, **2016**, 4:15281-15293.

［25］Sun R Z, Bai H, Ju J, et al. Droplet emission induced by ultrafast spreading on a superhydrophilic surface. Soft Matter, **2013**, 9:9285-9289.

［26］Gondal M A, Sadullah M S, Dastageer M A, et al. Study of factors governing oil-water separation process using TiO_2 films prepared by spray deposition of nanoparticle dispersions. ACS Appl. Mat. Interfaces, **2014**, 6:13422-13429.

［27］Zhang F, Zhang W B, Shi Z, et al. Nanowire-haired inorganic membranes with superhydrophilicity and underwater ultralow adhesive superoleophobicity for high-efficiency oil/water separation. Adv. Mater. , **2013**, 25:4192-4198.

［28］Ge J L, Zhang J C, Wang F, et al. Superhydrophilic and underwater superoleophobic nanofibrous membrane with hierarchical structured skin for effective oil-in-water emulsion separation. Journal of Materials Chemistry A, **2017**, 5:497-502.

［29］Zhang G Y, Li M, Zhang B D, et al. A switchable mesh for on-demand oil-water separation. Journal of Materials Chemistry A, **2014**, 2:15284-15287.

［30］Li X-M, Reinhoudt D, Crego-Calama M. What do we need for a superhydrophobic surface? A review on the recent progress in the preparation of superhydrophobic surfaces. Chemical Society Reviews, **2007**, 36:1350-1368.